Alfred Härtl

Optoelektronik

in der Praxis

Härtl Alfred
Optoelektronik in der Praxis
Optoelektronische Bauelemente,
Anwendungen, Schaltbeispiele,
Techn. Daten, Anschlußbelegungen.
ISBN 3–9800 725–0–9

Alle in diesem Buch veröffentlichten Schaltungen und Verfahren werden ohne Rücksicht auf die Patentlage oder mögliche Schutzrechte Dritter mitgeteilt. Sie sind ausschließlich für Lehrzwecke bestimmt.

Autor und Verlag haben alle Sorgfalt walten lassen, um Fehler nach Möglichkeit auszuschließen. Es wird keine Verantwortung oder Haftung für Folgen, die auf fehlerhafte Angaben zurückzuführen sind, übernommen. Für die Mitteilung eventueller Fehler sowie für Ergänzungs- und Verbesserungsvorschläge ist der Verlag jederzeit dankbar.

ISBN 3–9800 725–0–9
© by Härtl-Verlag

Druck: Druckerei Tümmel
Umschlaggestaltung: J. Röder

Vorwort

Die Optoelektronik hat sich zu einem selbständigen Bereich bei den elektronischen Bauelementen formiert. Der Bedarf an modernen optoelektronischen Bauelementen nimmt überdurchschnittlich zu und ist aus unserem Leben nicht mehr wegzudenken. Durch die stürmische Entwicklung auf diesem Gebiet verliert selbst der Praktiker den Überblick über die Typenvielfalt.

Es entstand daher der Gedanke eines kompakten, übersichtlichen Handbuches, das die wichtigsten Kenndaten, Anschlüsse und Gehäuse sowie Anwendungsbeispiele dieser Bauelemente enthält.

Natürlich kann und soll dieses Handbuch nicht die „großen" Datenbücher der Hersteller ersetzen, es soll Sie aber ohne langes Suchen und Datenbuch-Wälzen umfassend informieren.

Durch die alphabetische Reihenfolge wird ein schnelles Abfinden der gesuchten Bauelemente ermöglicht. Zusätzlich enthält dieses Werk eine Opto-Vergleichsliste, um bei Beschaffungsschwierigkeiten o. ä. auf andere Typen ausweichen zu können.

Dem Anwender werden neben zahlreichen Schaltungen (aus dem Bereich der Optoelektronik) Anschlußbelegungen, wertvollen Hinweisen und Anregungen aus dem Gebiet der Optoelektronik sowie den nötigen Anschlußbelegungen der wichtigsten TTL-, CMOS-ICs, Transistoren und Thyristoren zur Hand gegeben.

Der Verfasser

Inhaltsverzeichnis

Vorwort 8

Gruppe
1 **Wissenswertes über Leuchtdioden** 10
Berechnung des Vorwiderstandes, Kathodenkennzeichnung . . . 11
Behandlung von LEDs 12
Löten an optoelektronischen Bauteilen 12

2 **Physik der optoelektronischen Bauelemente** 14
Funktionsweise, Einführung 14
Technologie und Grundeigenschaften 15
Wichtige Hinweise für die Typenauswahl 21
Wellenlänge des Lichtes 23

3 **Schaltungen mit Leuchtdioden** 24
Schaltzeichen wichtiger Bauelemente 35
Schaltungen mit Leuchtdioden 36

4 **Duo-LEDs (Schaltungen, Anschlußbelegungen, techn. Daten** . . 63

5 **IR-Elemente** 81
IR-Dioden 81
Fototransistoren 82
Fotodioden 82
Silizium-Fotoelemente (Anschlußbelegungen) 86
Fotodioden, Anschlüsse, techn. Daten 86
Fototransistoren, Anschlüsse, techn. Daten 90
IR-Sendedioden, Anschlüsse, techn. Daten 93
Grundschaltungen für fotoelektrische Empfänger 99
Lichtschranken 100

6 **Gabel- und Reflex-Lichtschranken** 103
Optoelektronische Reflexkoppler 108
Schaltungen mit Gabel- und Reflexkopplern 109
Schaltungen mit Gabelkopplern 113
Einsatzgebiete von Gabelkopplern 114

7 **Optokoppler** 115
Optokoppler – Kurzübersicht, techn. Daten 116
Optokoppler Anschlußbelegungen 120
Kurzdaten 124
Anwendungsschaltungen 130

8 **7-Segment-Anzeigen** 132
Anschlußbelegungen 133
Feldeffekt-Flüssigkristallanzeigen 148
Anschlußbelegungen – LCD 150
LCD-Digitalthermometer 151
Schaltungen mit 7-Segment-Anzeigen 152
Einfache Tastenentprellung 153

9   **Leuchtbandanzeigen** 154
        Ansteuerschaltungen 154

10   **Fotowiderstände** 158
        Schaltungen/Lichtschranken 159

11   **Opto-Vergleichstabelle** 160
        LEDs 160
        Fotodioden und -transistoren 171
        7-Segment-Anzeigen 174
        Optokoppler 177

12   **Anschlußbelegungen** 180
        TTL-ICs 180
        CMOS-ICs 192
        Transistoren 202
        Thyristoren, Triacs 207

        Quellennachweis 208

Stichwortverzeichnis

Akku-Batteriezustandsanzeige 34
Akku-Überwachung 36/37
Akku-Lade-Entlade-Anzeige 38
Ampelsteuerung 45
Ansteuer-ICs (U 237) 54, 56, 57, 155, 156
Anschlußbelegungen
   CMOS ICs 192
   TTL ICs 180
   Transistoren 202
   Thyristoren/Triacs 207
   LEDs 11

Batteriespannungsanzeigen 39, 40, 41, 66, 67, 73, 79
Beleuchten mit LEDs 31
Blinkendes Leuchtband 30
Blinkschaltungen 32, 34, 48, 65, 74
Blinker mit NE 555 34
Blink-LEDs 64, 65

C-MOS ICs Anschlußbelegungen 192

Duo-LEDs 63
D 610, 620, 630, 634 P 154, 155, 156
Dämmerungsschalter 160
Digitalthermometer 151

Dreifach-Batteriezustands-Anzeigen 73, 79
Dreifach-Temperatur-Anzeigen 79, 80

Einschaltverzögerung mit Anzeige 69
Einführung 14

Fototransistor 83, 90
Fototransistor – Vergleichstabelle 171
Fotoelemente 18, 86
Fotowiderstände 158
Fotodiode 18, 86
Flüssigkristallanzeigen 148
Füllstandsanzeige 156

GaAs-Dioden 10, 15
Gabellichtschranken 103
Gabelkoppler 113, 114

Halbleiter-Anschlußbelegung 180

IC-Thermometer – LCD 151
IR-Elemente 81
IR-Empfängerdioden 100, 102
IR-Sender (Dioden) 101, 102

Kathodenkennzeichnung 10, 11
Kfz-Spannungsüberwachung 34, 39, 40, 65, 66, 67, 73, 79, 80
Konstantstromquelle 24, 25
Koppelelemente 19, 115

Lauflicht, 10-Kanal 53
Ladestromanzeige 38, 65
Ladegerät NiCd 42
Lade-/Entladestrom-Anzeige 37, 78
LED-VU-Meter 54, 56, 69
LED-Vergleichstabelle 160
LED für 220 V 32
LED Display 156
LCD-Anzeigen 148
LCD-Digitalthermometer 58, 151
LDR 158
Leuchtband 55, 56, 154, 156
Löten an LEDs 12
Lottozahlen-Generator 153

Minitronanzeige 132

Namensschildbeleuchtung 31
NF-Aussteuerungsanzeigen 54, 56, 57, 155, 156
NiCd-Ladegerät 42

Optokoppler 115
Optokoppler – Anschlußbelegung 120
Optokoppler – Schaltungen 130
Optokoppler – techn. Daten 116
Optokoppler – Vergleichstabelle 178
Optokoppler – Funktionsweise 115

Polaritätsprüfer 25, 27, 28, 30, 71

Quarztester 31

Reflektiv 149
Roulett-LED 62

Schutzschaltung 26
Segmentanzeigen 132
Spannungsüberwachung 26, 32, 39, 40, 41, 66, 67, 73, 79
Spannungsausfallanzeige 42
Spannungsprüfer (Polarität) 25, 27, 28, 29, 30, 71
Sperrspannung 12
Stromüberwachung 27

Tasten – Entprellung 153
Temp.-Anzeige 60, 72, 79, 80
Temp.-Regler 59
Thermometer LED 57
Thermometer LCD 151
Thyristoren / Triacs – Anschlußbelegung 207
Typenauswahl 21
Timmer 113
Transflektiv 148
Transistor – Anschlußbelegung 202
TTL-ICs – Anschlußbelegung 180
TTL-Prüfstift 29, 71

Umrechnungstabelle 20

Vergleichstabelle LEDs 160
Vergleichstabelle Fotodioden-, -transistoren 171
Vergleichstabelle Segmentanzeigen 174
Vergleichstabelle Optokoppler 178
VU-Meter 54, 56, 57, 155, 156

Warnblinker 48
Wechselblinker 32, 33, 71, 74
Würfel 61

Zählerschaltung 152

Alphanumerisches Typenverzeichnis

Typ	Seite	Typ	Seite	Typ	Seite
BP 100 P	86	CQW 13	95	DL 847	136
BP 103	90	CQW 14	95	DL 850	137
BP 103 B	90			DL 3400	137
BP 104	86	CQX 18	94	DL 3401	137
		CQX 21	63	DL 3403	137
BPW 13	90	CQX 22	68	DL 3405	137
BPW 14	90	CQX 46	95	DL 3406	138
BPW 16	83, 90	CQX 47	95		
BPW 17	83, 90	CQX 86	133	FND 350	138
BPW 24	86	CQX 87	133	FND 357	138
BPW 28	87	CQX 88	133	FND 358	138
BPW 32	87	CQX 89	133	FND 360	138
BPW 33	87	CQX 90	133	FND 367	138
BPW 34	84, 87	CQX 91	133	FND 368	138
BPW 39	91	CQX 92	133	FND 500	138
BPW 40	85, 91	CQX 93	133	FND 501	139
BPW 41	87	CQX 95	70	FND 507	138
BPW 42	91			FND 508	139
BPW 43	87	CQY 17	93	FND 530	139
BPW 65, 66	88	CQY 32	93	FND 531	139
		CQY 34	93	FND 537	139
BPX 38	91	CQY 35 N	93	FND 538	139
BPX 43	91	CQY 36 N	93	FND 540	139
BPX 48	87	CQY 37 N	94	FND 541	139
BPX 80	92	CQY 77	94	FND 547	139
BPX 81	91	CQY 78	94	FND 548	139
BPX 82	91	CQY 98	94	FND 550	139
BPX 90	88	CQY 99	94	FND 551	139
BPX 91	88			FND 557	139
BPX 92	89	DL 304	134	FND 558	139
BPX 93	89	DL 307	134	FND 800	140
BPX 99	92, 100	DL 527	133	FND 807	140
		DL 528	133	FRL 4403	64
BPY 11 P	86	DL 701	134		
BPY 47	86	DL 702	134	GL 105 R ..	157
BPY 61	92	DL 703	134	GL 107 R ..	157
BPY 62	92	DL 704	134	GL 112 ...	157
BPY 63	87	DL 707	135	GBG 1000	154
BPY 64	86	DL 721	135		
		DL 722	135	HA 1075	140
CNY 17	124	DL 726	136	HA 1077	140
CNY 18	124	DL 727	135	HA 1143	143
CNY 21	125, 126	DL 728	135	HA 1144	143
CNY 36	112	DL 747	136	HA 1181	144
CNY 37	112	DL 749	136	HA 1182	144
CNY 70	108	DL 750	137	HA 1183	144

Typ	Seite	Typ	Seite	Typ	Seite
HA 1184	144	MAN 54 A	147	TIL 34	97
HA 2142	144·	MAN 71 A	146	TIL 38	97
HA 2143	144	MAN 72 A	146	TIL 41 .. 50	98
HA 2144	144	MAN 73 A	147	TIL 78	92
		MAN 74 A	147	TIL 302	147
HD 1076	140	MAN 81 A	146	TIL 303	147
HD 1078	140	MAN 82 A	146	TIL 304	147
HD 1105	140	MAN 83 A	147	TIL 312	147
HD 1106	140	MAN 84 A	147	TIL 313	148
HD 1107	140	MAN 3610 A	146	TIL 314	147
HD 1108	141	MAN 3620 A	146	TIL 315	148
HD 1111	141	MAN 3630 A	147	TIL 316	147
HD 1112	141	MAN 3640 A	147	TIL 317	148
HD 1113	141			TIL 339	147
HD 1131	142	OBG 1000	154	TIL 340	148
HD 1132	142				
HD 1133	142	SFH 203	89	U 102 P	110
HD 1134	142	SFH 205	89	U 123 P	111
HD 1141	143	SFH 206	89		
HD 1142	143	SFH 206 K	89	V 290 P	97
		SFH 305	92	V 292 P	97
ILCT-6	127	SFH 400	96	V 390 P	97
ILD-74	127	SFH 401	96	V 518 P	73
ILD-1	127	SFH 402	96	V 619 P	75
ILQ-1	127	SFH 405	96	V 621 P	63
ILQ-74	127	SFH 500	92	V 622 P	63
		SFH 900	103	V 623 P	63
LD 110	73			V 628 P	76
LD 242	60				
LD 260–269	95	SPX 1160	104	Y BG 1000	154
LD 261	96	SPX 1180	104		
LD 271	96	SPX 1397	104		
		SPX 1404	104	4 N 25	127
		SPX 1405	105	4 N 26	127
MA 35	145	SPX 1872	105	4 N 27	127
MCS 2	126	SPX 1873	105	4 N 28	127
MCS 2400	126	SPX 1874	105	4 N 29	128
MV 5491	73	SPX 1875	105	4 N 30	128
MLED 60	98	SPX 1876	106	4 N 31	128
MLED 90	98	SPX 1877	106	4 N 32	128
MLED 92	98	SPX 1878	106	4 N 33	128
MLED 930	98	SPX 1879	107	4 N 35	129
		SPX 1881	107	4 N 36	129
MAN 1,1 A	146	SPX 2001	107	4 N 37	129
MAN 10,10 A	146				
MAN 51 A	146	TIL 31	97		
MAN 52 A	146	TIL 32	97	6 N 138	130
MAN 53 A	147	TIL 33	97	6 N 139	130

Wissenswertes über LEDs

LEDs (lichtemittierende Dioden) gewinnen immer mehr an Bedeutung, da sie preiswert und einfach in der Handhabung sind und sich daher ideal für jede Art von Anzeigezweck anbieten. Sie weisen eine viel höhere Lebensdauer als Glühlampen auf: durchschnittlich 100 000 Betriebsstunden, ≙ ca. 12 Jahren. Zu berücksichtigen ist dabei, daß die Leuchtstärke nach dieser Zeit auf ca. die Hälfte der anfänglichen Leuchtintensität zurückgegangen ist.

Lumineszenz-Dioden gibt es in verschiedenen Bauformen, Farben und Fabrikaten.

Dies ist sehr vorteilhaft, da der Anwender die Möglichkeit hat, diese Bauelemente den Betriebsbedingungen sowie den Anwendungsfällen optimal anzupassen.

Die elektronischen Daten der LEDs verschiedener Bauformen sind meist annähernd gleich. Dagegen beeinflußt die Bauform meist nur die lichttechnische Eigenschaft (Abstrahlwinkel).

LEDs werden auch in verschiedenen Kunststoffmaterialien hergestellt, z. B. gibt es LEDs in Gehäusen, wo diese LEDs in der Leuchtfarbe des Halbleiterkristalls eingefärbt sind. LEDs in glasklarem Gehäuse weisen eine höhere Lichtstärke (bis zu ca. 70 mcd) auf und lassen sich daher ideal zur Beleuchtung von LCD-Anzeigen einsetzen, da diese LEDs ein stark gebündeltes Licht ausstrahlen.

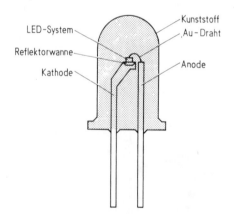

LED in Plastikgehäuse

Außerdem gibt es noch LEDs im diffusen Gehäuse, das zum einen weiß diffus, zum anderen je nach Leuchtfarbe der LED eingefärbt sein kann.

Die meist verwendeten LEDs haben eine Gehäuse-Abmessung von 3 mm ∅ bzw. 5 mm ∅. Sie sind zum einen preisgünstiger als Spezialbauformen, zum anderen ist ihre Montage in Frontplatten – durch die Vielzahl der angebotenen LED-Fassungen – einfach durchzuführen.

Elektrisch ist eine LED einer normalen Halbleiterdiode gleichzusetzen, da auch hier nur Strom in einer Richtung fließen kann.

Die Durchlaßspannung einer roten LED beträgt ca. 1,6 . . . 2 V, die einer grünen und gelben LED ca. 2,4 . . . 3,2 V. Der Durchlaßstrom beträgt als typischer Wert ca. 20 mA (Idealwert 10 . . . 20 mA).

Wichtig ist, daß eine LED niemals ohne Vorwiderstand betrieben werden darf!
(Wobei es egal ist, ob der Widerstand an die Anode oder Kathode angeschlossen wird.)

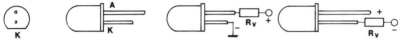

Die abgeflachte Seite bzw. der kurze Anschluß kennzeichnen die Kathode.

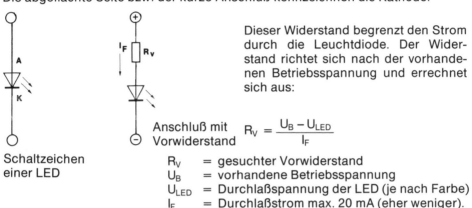

Dieser Widerstand begrenzt den Strom durch die Leuchtdiode. Der Widerstand richtet sich nach der vorhandenen Betriebsspannung und errechnet sich aus:

Schaltzeichen
einer LED

Anschluß mit
Vorwiderstand

$$R_V = \frac{U_B - U_{LED}}{I_F}$$

R_V = gesuchter Vorwiderstand
U_B = vorhandene Betriebsspannung
U_{LED} = Durchlaßspannung der LED (je nach Farbe)
I_F = Durchlaßstrom max. 20 mA (eher weniger).

Die Durchlaßspannung beträgt bei

roten	LEDs als Typ.Wert ca. 1,6 max. 2 V
orangen	LEDs als Typ.Wert ca. 2,2 max. 3 V
grünen	LEDs als Typ.Wert ca. 2,7 max. 3,2 V
gelben	LEDs als Typ.Wert ca. 2,4 max. 3,2 V

Als Beispiel soll eine rotleuchtende LED an einer Betriebsspannung von 12 V betrieben werden:

$$R_V = \frac{12-1,6}{0,02} = 520\,\Omega \; \triangleq \; 560\,\Omega \quad \text{(nächst höherer Wert)}$$

Bevor Sie jedoch eine LED an eine Gleichspannung (mit entsprechendem Vorwiderstand) anschließen, muß zuerst noch die Polarität festgestellt werden.

Zur leichteren Identifizierung versehen die meisten Hersteller die LEDs mit unterschiedlichen Anschlußdrähten.

Der kurze Draht kennzeichnet meist die Kathode (–), bzw. der lange Anschlußdraht die Anode (+),

Außerdem wird überwiegend der Kathodenanschluß zusätzlich durch Abflachung des Gehäuses gekennzeichnet.

Hält man die LED gegen das Licht, so sind meist unterschiedlich große Elektroden im Inneren der LED vorhanden; die größere Elektrode kennzeichnet in diesem Fall die Kathode (s. Abb.).

11

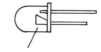 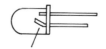

Abflachung (Kathode)   Kathode   Kathode

Fehlt eine eindeutige Kathoden-Kennzeichnung bei LEDs, so ist die richtige Polung durch Probieren zu ermitteln.

Dazu geht man wie folgt vor:
Man schließt die LED über einen Widerstand von ca. 270 Ω an eine Betriebsspannung von ca. 5 V (4,5-V-Batterie) an. Leuchtet dabei die LED, so liegt demzufolge die „Kathode" der LED an Minus, leuchtet die LED nicht, ist diese in Sperrichtung angeschlossen (Kathode an Plus) und muß umgepolt werden.

Die Sperrspannung einer LED beträgt meist nur einige Volt (ca. 4 . . .5 V). Wichtig ist dieser Wert nur bei Betrieb mit Wechselspannung. Deshalb muß eine LED vor Überlastungen in Sperrichtung geschützt werden. Dies wird durch Parallelschalten einer normalen Silizium-Diode (z. B. 1N4148) erreicht.

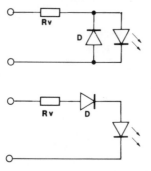

Bei Betrieb mit Wechselspannung wird die LED (wie nebenstehende Abb. zeigt) mit einer Zusatzdiode vor zu hoher Sperrspannung geschützt.

Die Schutzdiode (1N4148) kann entweder parallel oder in Reihe zur LED geschaltet werden.

Behandlung von LEDs

Die Einbaulage von optoelektronischen Bauteilen ist beliebig. Beim Abbiegen dürfen keine mechanischen Kräfte auf das Gehäuse einwirken. Daher sollte man Anschlußdrähte nicht dicht am Gehäuse biegen. Sollte es einmal unvermeidlich sein, so hält man die Anschlußdrähte dicht am Gehäuse mit einer spitzen Zange fest, damit die Biegekräfte nicht in die LED übertragen werden und dort einen Bruch im inneren Aufbau verursachen.

Löten an optoelektronischen Bauelementen (LEDs)

LEDs sind empfindlich gegen Wärme, deshalb müssen sie beim Einlöten in die Schaltung vor thermischer Überlastung geschützt werden.

Man sollte daher die Anschlußdrähte möglichst lang lassen oder diese auf nicht weniger als 1 cm kürzen. Die Lötzeit an solchen Bauteilen sollte daher in mind. 3 s . . . 5 s. beendet sein, andernfalls besteht die Gefahr, daß zuviel Wärme über die Anschlußdrähte an das Kristall gelangt und die LED Schaden erleidet.

Die in der Tabelle aufgeführten LEDs lassen sich in die nachfolgenden Schaltungen einsetzen.

5 mm LEDs, Gehäuse diffus

rot	grün	gelb
CQV 20	CQV 25	CQV 23
CQV 21	CQV 55	CQV 24
CQW 24	CQX 13	CQV 53
CQX 13	CQY 72	CXX 33
CQX 23	CQY 94	CQY 74
CQX 51	LD 20	CQY 96
CQY 24	LD 57	LD 20
CQY 40	MV 5253	LD 55
CQY 46	MV 5254	LD 56
LD 20	TIL 234-2	MV 5353
LD 41	V 169 P	MV 5354
LD 50	5082–4950	TIL 224-1
LD 52		V 170 P
LD 500		5082–4550
TIL 220 A1		
V 168		
5082–4850		
MV 5753		
MV 5754		
MV 5051		
MV 5053		
MV 5055		
MV 5056		

3 mm LEDs

rot	grün	gelb
CQW 51	CQY 15	CQV 13
CQW 54	CQV 35	CQV 14
CQY 54	CQV 45	CQV 33
CQV 10	CQY 86 N	CQV 43
CQV 11	CQY 95	CQV 87
CQV 30	LD 37	CQY 97
CQV 31	TIL 232	LD 35
CQV 41		LD 36
CQY 85		TIL 212
LD 30		
LD 32		
TIL2093		

Die wichtigsten Vorwiderstände für die jeweilige Betriebsspannung von LEDs wurden in einer Tabelle zusammengestellt. Diese Werte sind in alle Schaltungen einsetzbar, reichen für die meisten Anwendungen aus und sind für LEDs jeder Farbe anwendbar.

Betriebs-spannung U_B	Vorwiderstand R_v
5 V	180 Ω 0,25 W
6 V	220 Ω 0,25 W
9 V	390 Ω 0,25 W
12 V	560 Ω 0,25 W
15 V	680 Ω 0,25 W
18 V	820 Ω 0,5 W
24 V	1,2 KΩ 0,5 . . . 1 W

Verschiedene Bauformen

LEDs sind in verschiedenen Gehäusen lieferbar. Sie geben dem Anwender die Möglichkeit, diese Bauelemente den Betriebsbedingungen und Anwendungsfällen optimal anzupassen. Nebenstehend werden verschiedene Bauformen angezeigt.

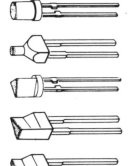

Physik der optoelektronischen Bauelemente

Einführung

Optoelektronische Bauelemente sind Bauteile mit der Eigenschaft, elektromagnetische Strahlung durch Stromzufuhr zu emittieren oder umgekehrt zu absorbieren und in elektrisch meßbare Größen (U, I, R-Änderungen) umzuwandeln. Unter elektromagnetischer Strahlung wird hier das Spektrum der für das menschliche Auge sichtbaren Strahlung mit den angrenzenden Ultraviolett- und Infrarotbereichen ($0,3 \ldots 15 \, \mu m$) zusammengefaßt.

Die optoelektronischen Bauelemente lassen sich in zwei Gruppen unterteilen. Bei der ersten Gruppe wird der äußere, bei der zweiten Gruppe der innere lichtelektrische Effekt ausgenutzt. Dieses Datenbuch enthält nur Halbleiter-Bauelemente aus der zweiten Gruppe, nämlich Sender- bzw. Empfängerbauelemente und Koppler. Der Spektralbereich liegt zwischen sichtbarer und naher Infrarot-Strahlung (ca. $0,4 \ldots 1,2 \, \mu m$).

Funktionsweise optoelektronischer Bauelemente

Lumineszenzdioden (LED = Light Emitting Diodes)

Wird eine PN-Halbleiterdiode in Flußrichtung gepolt, werden in das P-Gebiet Elektronen, in das N-Gebiet Löcher injiziert.

Entsprechend dem Stromfluß findet eine Rekombination zwischen den Ladungsträgern (Elektronen und Löchern) statt. Bei sogenannter strahlender Rekombination springt das Elektron nach der Bändermodellvorstellung vom energetisch höherliegenden Leitungsband in das energetisch tieferliegende Valenzband und gibt die überschüssige Energie als elektromagnetische Strahlung ab.

Der Anteil von ,,strahlender'' Rekombination an der Gesamtrekombination hängt vom Halbleitermaterial ab: Bei den III-V-Verbindungshalbleitern GaAs, GaAsP und GaP ist dieser Anteil um mehrere Größenordnungen höher als z. B. bei Silizium.

Die Strahlung wird erzeugt durch direkte Rekombinationsübergänge zwischen Leitungs- und Valenzband oder durch Übergänge von Ladungsträgern zwischen Bändern und Zwischenniveaus. Im ersten Fall wird die Energie und damit die Wellenlänge zwischen den Bändern bestimmt, im letzteren Fall geht der Energieabstand der Zwischenniveaus vom entsprechenden Energieband in die Rechnung ein.

Technologie und Grundeigenschaften von optoelektronischen Bauelementen

Die übliche Einteilung der optoelektronischen Bauelemente in Emitter-, Detektor- und Koppelelemente ergibt sich zwangsläufig auch bei einer Beschreibung der Herstellungsverfahren. Emitterbauelemente bestehen in dem hier geltenden Zusammenhang ausschließlich aus III-V-Verbindungsmaterialien wie GaAs, GaAsP und GaP. Dagegen handelt es sich bei Empfängerbauelementen für sichtbare Strahlung und kurzwellige IR-Strahlung um Siliziumbauelemente, deren Technologie auf die Technologie von Standard-Siliziumbauelementen zurückgreift. Die Technologie von Koppelelementen ist überwiegend Gehäuse- und Aufbautechnologie, mit dem Ziel, durch geschickte Anpassung von Emitter und Detektor über ein geeignetes Koppelmedium ein kompaktes Bauelement herzustellen.

Emitterbauelemente

Die Wellenlänge der von Lumineszenzdioden emittierten Strahlung wird in erster Linie durch das verwendete Halbleitermaterial und in zweiter Linie durch die Dotierung dieses Materials bestimmt.

Materialien für Lichtemitter

Material	Wellenlängenbereich
GaAs : Zn	Infrarot 900 nm
GaAs : Si	Infrarot 930 nm
GaAsP	rot 660 nm
GaAsP : N	orange 630 nm
GaAsP : N	gelb 590 nm
GaP : N	grün 560 nm

Eigenschaften von IR-Dioden
$I_F = 100$ mA

Material	GaAlAs:Zn	GaAs:Zn	GaAs:Si
Wellenlängenbereich	800...900 nm	ca. 910 nm	ca. 950 nm
Leistungsbereich	ca. 2 mW	ca. 2 mW	10....20 mW
Schaltzeitbereich	5...70 ns	5...100 ns	300...500 ns

GaAs-Dioden

GaAs-Dioden emittieren im Infrarotbereich zwischen 800 und 1000 nm. Im wesentlichen gibt es zwei Verfahren zur Herstellung von IR-Dioden, welche sich vor allem in der Herstellung des PN-Überganges unterscheiden:

a) In einkristalline N-dotierte GaAs-Scheiben wird zur Bildung des PN-Überganges Zink eindiffundiert. Die Diffusion erfolgt entweder ganzflächig, und die nachfolgend aus der Scheibe durch Zerteilen hergestellten Elemente haben einen bis zum offenen Rand reichenden PN-Übergang (Mesatechnik) oder die Diffusion erfolgt durch fotolithographisch hergestellte Fenster in geeigneten Maskierschichten (z. B. Si_3N_4 + SiO_2) auf der Oberfläche des GaAs (Planartechnik).

b) auf einkristalline N-dotierte GaAs-Scheiben wird durch ein Flüssigphasen-epitaxieverfahren eine dünne einkristalline GaAs-Schicht aus einer silizium-dotierten Schmelze abgeschieden, wobei durch den unterschiedlichen Einbau des Siliziums in das GaAs-Kristallgitter zu Beginn und gegen Ende des Prozesses der PN-Übergang entsteht.

Zn-diffundierte IR-Dioden haben kürzere Ansprechzeiten (1-100 ns) und einen vergleichsweise kleineren Strahlungsfluß (0,5–2 mW), während Si-dotierte IR-Dioden bei Ansprechzeiten von einigen hundert Nanosekunden einen Strahlungsfluß bis zu ca. 20 mW erreichen.

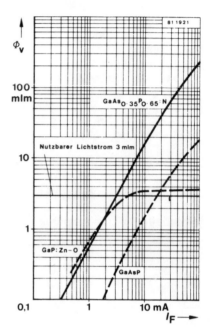

Verlauf der Lichtleistung über den Betriebsstrom für verschiedene Rot-dioden. GaP(Zn:0) geht ab ca. 5 mA in die Sättigung. Dagegen zeigen GaAs$_{.6}$P$_{.4}$ und GaAs$_{.35}$P$_{.65}$ ein relativ im Strom überlineares Ansteigen der Helligkeit.

Leuchtdioden

Leuchtdioden für den sichtbaren Bereich des Spektrums werden aus GaAsP oder GaP hergestellt.

Für alle Farben wird die fortschrittliche Planartechnologie mit abgedeckten P-N-Übergängen benützt, die zu großer Lebendauer führt. Die Materialherstellung kennt hingegen zwei verschiedene Technologien:

a) Rot (GaAs$_{.6}$P$_{.4}$)
   Hier wird eine N-leitende epitaktische GaAsP-Schicht auf einkristallinem GaAs-Substrat abgeschieden. Der Phosphorgehalt wird graduierlich mit der Schichtdicke auf 40 % gesteigert.

b) Grün, Gelb und Orange
   Diese Epitaxieschichten werden in demselben Verfahren hergestellt. Substrat ist hier einkristallines GaP, das für die ermittierte Strahlung transparent ist. Mit einer reflektierenden Rückseitenmetallisierung kann der Wirkungsgrad verdoppelt werden, da im Substrat kein Licht absorbiert wird.

16

Insgesamt stehen für diese Farben drei Materialien zur Verfügung. Allen ist eine Stickstoffdotierung gemeinsam. Der Stickstoff in diesen Materialien steigert die Lichtausbeute enorm. Folgende Schichten werden für diese Farben benützt:

Grün: GaP:N auf GaP-Substrat
Gelb: $GaAs_{.15}P_{.85}:N$ auf GaP-Substrat
Orange: $GaAs_{.35}P_{.65}:N$ auf GaP-Substrat

Das früher für rotleuchtende Dioden noch verwendete Zn-0 dotierte GaP hat sich industriell nicht durchsetzen können. Dies hat seinen Grund in dem stromabhängigen Abfall des Wirkungsgrades und in deren ungünstigen Spektralbereich des emittierten Lichtes bezüglich der Empfindlichkeit des menschlichen Auges.

Empfängerbauelemente

Empfängerbauelemente wie Fotodioden, Fotoelemente und Fototransistoren werden überwiegend mit erprobten Verfahren der Siliziumhalbleitertechnik hergestellt, zu denen relativ wenige optoelektronisch-spezifische Prozesse hinzugefügt werden.

Fotoelemente

Fotoelemente, die nach dem Mesaverfahren gebaut werden, haben aufgrund des offenen PN-Überganges relativ hohe Leckströme, d. h. einen kleinen Innenwiderstand bei schwacher Beleuchtung und sind wegen ihrer kleinen Sperrspannung vor allem für den photovoltaischen Betrieb geeignet. Von Vorteil ist hierbei die hohe Lichtempfindlichkeit und der geringfügige Aufwand bei der Herstellung großflächiger (> 1 cm²) Strukturen.

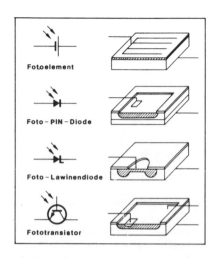

Fotodioden

Fotodioden sind nach dem Planarverfahren aufgebaut. Die Ränder des PN-Übergangs liegen geschützt unter dem als Diffusionsmaske verwendeten Si O_2, welches durch Oxidation der Siliziumoberfläche erzeugt wurde. Infolge des daher niedrigen Dunkelstroms sind Fotodioden sehr gut zum Nachweis sehr schwacher Lichtsignale geeignet sowie zum Betrieb bei hohen Sperrspannungen.
Eine spezielle Ausführung von Fotodioden ist die Foto-PIN-Diode. Hier befindet sich zwischen der P- und der N-Seite eine große hochohmige eigenleitende (englisch: ,,Intrinsic'') Zone. Hauptvorteile von Foto-PIN-Dioden sind die extrem kurzen Schaltzeiten in Verbindung mit hoher Infrarot-Empfindlichkeit. Durch gezielte technologische Maßnahmen kann die hierzu benötigte Betriebsspannung auf relativ kleine Werte reduziert werden.
Dioden mit großer Raumladungsweite werden PIN-Dioden genannt, unabhängig davon, ob ein ursprünglich eigenleitender (*I*)-Kristall an den entgegengesetzten Oberflächen P- bzw. N-dotiert wurde, oder ob auf Grund der Verwendung von sehr hochohmigem, niedrig dotierten Substrat-Material, in welches eindiffundiert wird, große Raumladungsweiten vorliegen. Im Driftfeld der Raumladungszone werden die erzeugten Ladungsträger innerhalb kurzer Zeiten (Nano-Sekunden-Bereich) gesammelt. Jedoch auch im Niederfrequenzbereich (z. B. Infrarot-Tonübertragung, Infrarot-Fernsteuerung) ergeben sich durch den Einsatz von PIN-Dioden Vorteile. Es können relativ großflächige Dioden mit sehr niedriger Kapazität zum Einsatz gelangen; die Dioden können infolgedessen bei niedriger Betriebsspannung und mit hohen Lastwiderständen (z. B. 100 kΩ) betrieben werden, wodurch sich hohe Signalspannungspegel ergeben.

Fototransistoren

Beim Fototransistor wird der an der Kollektor-Basis-Diode erzeugte Fotostrom um die Stromverstärkung des Transistors erhöht. Typische Werte für die Verstärkung von Fototransistoren liegen bei 100 bis 700, so daß bei vielen Anwendungen eine nachfolgende empfindliche Verstärkerstufe eingespart werden kann.

18

Die wesentlichen Eigenschaften eines Fototransistors lassen sich aus einem Ersatzschaltbild ablesen, in welchem die üblicherweise großflächige Kollektor-Basis-Diode als Fotodiode im Eingang eines Transistors in Emitterschaltung liegt. Wird Wert auf ein extrem großes Ausgangssignal gelegt, so empfiehlt sich die Verwendung eines Foto-Darlingtontransistors, einem Bauelement mit zwei inneren Verstärkerstufen in Darlingtonschaltung.

Durch Optimierung von Standardverfahren und durch Anwendung neuer Verfahren sind bei Fotoempfängerbauelementen vor allem auf folgenden Gebieten Verbesserungen erzielt worden:

a) Erhöhte Empfindlichkeit von Fotodioden und Fototransistoren in definierten Spektralbereichen.
b) Hohe Linearität der Fotostrom-Beleuchtungsstärkekennlinie und der logarithmischen Fotospannungs-Beleuchtungsstärke Kennlinien von Fotosensoren.
c) Kurze Ansprechzeiten von Fotodioden (im Nanosekundenbereich) und von Fototransistoren (im Mikrosekundenbereich) bei gleichzeitig hoher Lichtempfindlichkeit; und
d) Erhöhte Stabilität von Fototransistoren und Fotodioden.

Koppelelemente

Die Technologie von optoelektronischen Koppelelementen (Kopplern) orientiert sich an dem Ziel, ein Bauelement mit folgenden Eigenschaften herzustellen:

- Hoher Koppelfaktor
- Hohe Grenzfrequenz bzw. kurze Ansprechzeit
- Hohe Isolationsspannung
- Fertigungsgerechter Aufbau

Wie schon erwähnt, ist die Technologie des Kopplers vor allem eine Aufbau- und Gehäusetechnologie. Je nach Anwendung können Koppler in hermetisch verschlossenen Metallgehäusen oder in Kunststoffgehäusen gebaut werden. Auch die Beschaltung der Anschlüsse ist mehr oder weniger von der Anwendung her bestimmt, mit der Einschränkung, daß zum Erreichen von Isolationsspannungen im Kilovoltgebiet ein gewisser Mindestabstand zwischen den äußeren Anschlüssen notwendig ist.

Ein hoher Koppelfaktor setzt die Verwendung von IR-Emittern mit hohem Strahlungsfluß und von Fototransistoren mit hoher Intrarotempfindlichkeit voraus. Außerdem muß dafür gesorgt sein, daß das vom Sender emittierte Licht möglichst vollständig vom Fototransistor gesammelt wird. Dies geschieht zum Beispiel durch Anwendung des Lichtleiterprinzips oder durch Bündelung des Strahlenganges mit linsenförmigen Elementverkapselungen. Es kann so eine fast vollständige Sammlung der Strahlung auch bei relativ großen Emitter-Empfängerabständen erreicht werden, so daß gleichzeitig neben dem hohen Koppelfaktor eine hohe Isolationsspannung gewährleistet ist.

Umrechnungstabellen

Einander entsprechende Größen und Einheiten der Strahlungsphysik und der Lichttechnik

Definition	Radiometrie (Strahlungsphysikalische Größen)	Symbol	Einheit	Photometrie (Lichttechnische Größen)	Symbol	Einheit
Leistung	Strahlungsfluß (Strahlungsleistung)	Φ_e	Watt, W	Lichtstrom (Lichtleistung)	Φ_v	Lumen, lm
Ausgangsleistung je Flächeneinheit	Spezifische Ausstrahlung	M_e	$\dfrac{W}{m^2}$	Spezifische Lichtausstrahlung	M_v	$\dfrac{lm}{m^2}$
Ausgangsleistung je Raumwinkeleinheit	Strahlstärke	I_e	$\dfrac{W}{sr}$	Lichtstärke	I_v	candela, cd
Ausgangsleistung je Raumwinkeleinheit und strahlende Flächeneinheit	Strahldichte	L_e	$\dfrac{W}{m^2}$	Leuchtdichte	L_v	$\dfrac{cd}{m^2}$
Eingangsleistung je Flächeneinheit	Bestrahlungsstärke	E_e	$\dfrac{W}{m^2}$	Beleuchtungsstärke	E_v	Lux, lx $lx = \dfrac{lm}{m^2}$
Spektrale Dichte der Strahlungsenergie	Strahlungsmenge (Strahlungsenergie)	Q_e	Ws	Lichtmenge (Lichtarbeit)	Q_v	lm·s
Strahlungsenergie je Flächeneinheit	Bestrahlung	H_e	$\dfrac{W \cdot s}{m^2}$	Belichtung	H_v	$\dfrac{lm \cdot s}{m^2}$

Umrechnungsschema für Leuchtdichte-Einheiten

Einheit	$cd \cdot m^{-2}$	asb	sb	L	$cd \cdot ft^{-2}$	fL	$cd \cdot in^{-2}$	Bemerkungen
$1\ cd \cdot m^{-2}$ =	1	π	10^{-4}	$\pi \cdot 10^{-4}$	$9{,}29 \cdot 10^{-2}$	$0{,}2919$	$6{,}45 \cdot 10^{-4}$	statt $cd \cdot m^{-2}$ gelg. Nit
$1\ asb$ (Apostilb) =	$\dfrac{1}{\pi}$	1	$\dfrac{1}{\pi} \cdot 10^{-4}$	10^{-4}	$2{,}957 \cdot 10^{-2}$	$0{,}0929$	$2{,}054 \cdot 10^{-4}$	
$1\ sb$ =	10^{-4}	$\pi \cdot 10^{-4}$	1	π	929	2919	6,452	
$1\ L$ (Lambert) =	$\dfrac{1}{\pi} \cdot 10^{-4}$	10^{-4}	$\dfrac{1}{\pi}$	1	$2{,}957 \cdot 10^{-2}$	929	2,054	
$1\ cd \cdot ft^{-2}$ =	10,764	33,82	$1{,}076 \cdot 10^{-3}$	$3{,}382 \cdot 10^{-3}$	1	π	$6{,}94 \cdot 10^{-3}$	ft = foot
$1\ fL$ (Footlambert) =	3,426	10,764	$3{,}426 \cdot 10^{-4}$	$1{,}0764 \cdot 10^{-3}$	$\dfrac{1}{\pi}$	1	$2{,}211 \cdot 10^{-3}$	
$1\ cd \cdot in^{-2}$ =	1550	4869	0,155	0,4869	144	452,4	1	in = inch

Umrechnungsschema für Beleuchtungsstärke-Einheiten

Einheit		lx	lm · cm⁻²	fc	Bemerkungen
1 lx	=	1	10^{-4}	0,0929	
1 lm·cm⁻²	=	10^{-4}	1	$0,0929 \cdot 10^{-4}$	statt lm·cm⁻² früher auch Phot (ph)
1 fc (Footcandle)	=	10,764	$10,764 \cdot 10$	1	

Besondere Hinweise:

a) Bei Normlichtart A gilt:
   1 klx $\approx$ 4,75 mW/cm²
   oder
   1 mW/cm² $\approx$ 210 lx

b) Bei 550 nm gilt:
   680 lm $\approx$ 1 W

c) 1 lumen/ft²   = 1 footcandle
   632 lm/ft²   = 1 mW/cm² bei 550 nm
   4π candlepower   = 1 lumen (lm)

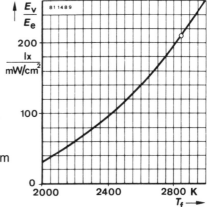

Wichtige Hinweise für die Typenauswahl

Optische Eigenschaften

Viele Bauelemente unterscheiden sich lediglich durch den Öffnungs-/Abstrahlwinkel. Welche besonderen Eigenschaften sie deshalb besitzen soll im folgenden kurz erläutert werden.

Bauelemente mit Planfenster

Bei diesen Bauelementen ist die Empfindlichkeit bzw. die Strahlstärke am geringsten, dagegen verfügen sie über einen großen Öffnungswinkel ($\alpha > 70°$).
Der Einbau ist problemlos, eine genaue Justierung kann entfallen. Es können exakte Abbildungen der zu messenden Objekte bzw. exakte Projizierungen der emittierenden Fläche erreicht werden. Mit zusätzlichen optischen Systemen eignen sie sich sehr gut für weitreichende Lichtschranken.

Bauelemente mit Linse

Bei den Bauelementen unterscheiden wir zwei Linsenarten, schwach und stark fokussierende Linsen.

Schwach fokussierende Linse (flache Linse)

Gegenüber den Bauelementen mit Planfenster weisen diese eine um den Faktor 10 höhere Empfindlichkeit bzw. Strahlstärke auf, der Öffnungs-/Abstrahlwinkel

21

liegt zwischen 25 und 40 °. Daher ist hier eine genauere Justierung erforderlich, wenn auch Abweichungen um ± 5 % kaum einen Einfluß haben.

Es wurde in diesem Bauelement eine optimale Lösung zwischen Öffnungs-/Abstrahlwinkel und Empfindlichkeit/Strahlstärke erreicht. Für die meisten Anwendungen ist dieses Bauelement bestens geeignet.

Stark fokussierende Linse (hohe Linse)

Bedingt durch den extrem kleinen Öffnungs-/Abstrahlwinkel ($a \approx 10°$) sind diese Bauelemente ungefähr um den Faktor 25 empfindlicher bzw. strahlstärker als Bauelemente mit Planfenster. Damit ist jedoch eine sehr genaue Justierung verbunden, denn hier machen sich bereits kleine Abweichungen stark bemerkbar. Sie eignen sich sehr gut zur Messung der Leuchtdichte größerer Flächen (z. B. als Flammenwächter) oder in einfachen Lichtschranken über kurze Entfernungen (einige cm).

Die bei optoelektronischen Bauelementen eingebauten Linsen sind in der Regel keine Linsen im Sinne der geometrischen Optik, sondern in die Gehäuse eingeschmolzene Glastropfen. Dadurch kann es zu Verzerrungen bzw. Abweichungen zwischen der mechanischen und optischen Achse kommen (Schielen).
Dieser Effekt macht sich naturgemäß bei den stark fokussierenden Linsen bemerkbar, aufwendige Justiervorrichtungen und -arbeiten sind die Folge. Zusätzliche optische Systeme können bei Bauelementen mit schwach fokussierenden Linsen nur beschränkt, bei solchen mit stark fokussierenden Linsen meist überhaupt nicht verwendet werden. Durch eine ungünstige Anordnung kann die gewünschte Bündelung der ausgesandten bzw. empfangenen Strahlung in eine Streuung umgewandelt werden.

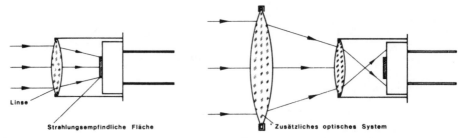

Linse

Strahlungsempfindliche Fläche

Zusätzliches optisches System

Fokussierung der parallel einfallenden Strahlung auf die strahlungsempfindliche Fläche.

Zerstreuung der parallel einfallenden Strahlung bei ungünstiger Anordnung einer zusätzlichen Linse.

(AEG-Telefunken)

22

Wellenlänge des Lichtes

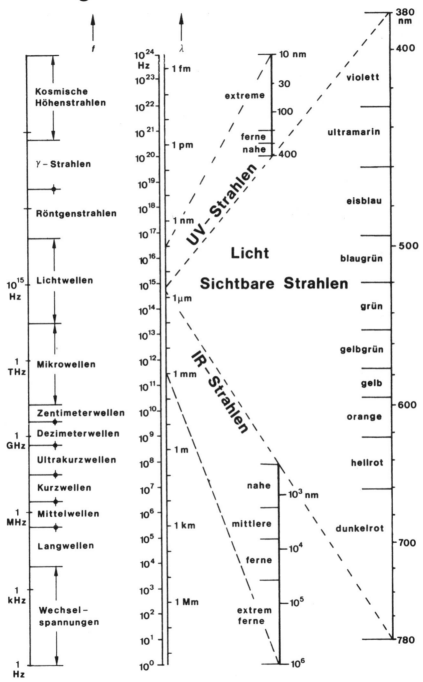

Schaltungen mit Leuchtdioden

Dieser Anhang beschreibt die Anwendungsmöglichkeit von Lumineszenzdioden, deren Strahlung im sichtbaren Bereich liegt. Durch die vielseitigen Anwendungsmöglichkeiten dieser optischen Bauelemente als Indikatoren wurden Glüh- und Glimmlampen weitgehend verdrängt. Die geringe Betriebsspannung der Leuchtdioden ist ein besonderer Vorteil der es erlaubt, daß sie von fast allen Halbleiter-Bauelementen direkt angesteuert werden können.

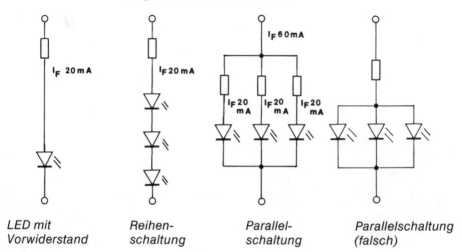

LED mit   Reihen-   Parallel-   Parallelschaltung
Vorwiderstand   schaltung   schaltung   (falsch)

Konstantstromquelle für LEDs

Nachfolgende Abb. zeigt die Schaltung einer Konstantstromquelle. Mit dieser Schaltung können LEDs an einer Betriebsspannung von ca. 4,5 bis 30 V ohne Änderung des Vorwiderstandes betrieben werden. Fällt am Widerstand (47 Ω) eine Spannung von 0,6 V ab, so steuert der Transistor T 2 durch und sperrt Transistor T 1 und begrenzt somit den Strom (unabhängig von der Betriebsspannung) auf ca. 20 mA.

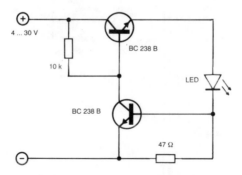

Konstantstromquelle für LEDs

Konstantstromquelle mit Spannungsregler

Integrierte Spannungsregler können nicht nur als Spannungsregler, sondern auch als Stromregler mit sehr konstantem Strom eingesetzt werden. Da LEDs bekanntlich mit einem Strom von ca. 10 ... 20 mA betrieben werden sollen, bietet sich dieser Regler ideal dazu an. Eine Änderung der Eingangsspannung hat keine Stromänderung zur Folge. Diese Schaltung ist daher für LEDs, die an einer sich ändernden Betriebsspannung betrieben werden, sehr gut geeignet. Die Konstantstromquelle ist – wie die Abb. zeigt – mit nur zwei Bauteilen aufgebaut. Der Konstantstrom richtet sich nach dem Widerstandswert und errechnet sich aus:

$$R = \frac{U_{stab}}{I_{konst.}} = \frac{5\,V}{0,015} = 333\,\Omega \triangleq 330\,\Omega \text{ Widerstand}$$

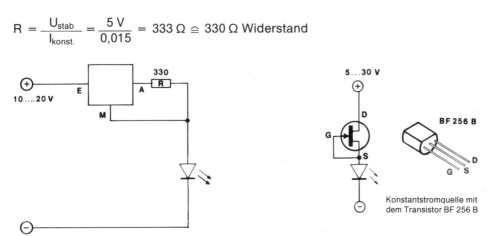

Konstantstromquelle aufgebaut mit dem Spannungsregler 78 L05

Verpolungsanzeige mit zwei LEDs rot und grün

Werden über einen Vorwiderstand zwei LEDs (grün und rot) gegeneinander parallel geschaltet, so erhält man eine Polaritätsanzeige. Bei richtiger Polung der Betriebsspannung leuchtet die grüne LED auf. Wird dagegen die Polarität der Betriebsspannung vertauscht, so leuchtet die rote LED und signalisiert somit, daß die Plus-Minus-Anschlüsse der Spannung vertauscht sind.

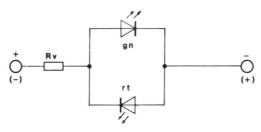

Polaritätsanzeige

Schutzschaltung für angeschlossene Verbraucher

Mit dieser Schaltung läßt sich ein Verbraucher zuverlässig vor Verpolung schützen. Bei richtig angelegter Spannung fließt über die Diode D 1 ein Strom für die angeschlossenen Verbraucher. Zugleich leuchtet die grüne LED und signalisiert somit, daß die Betriebsspannung richtig angeschlossen ist.
Wird die Polarität der Betriebsspannung vertauscht, sperrt die Diode D1 die Betriebsspannung und der Verbraucher ist somit vor Verpolung geschützt. Gleichzeitig leuchtet die rote LED und signalisiert die verpolte Betriebsspannung. Die grüne LED leuchtet nicht.

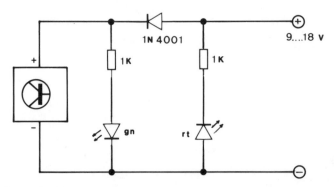

Schutzschaltung für Verbraucher

Vereinfachte Spannungsüberwachung

In Verbindung mit wenigen Bauteilen kann man eine LED bereits zur Akku- oder Batterieüberwachung einsetzen. Nachfolgende Abb. zeigt die Schaltung. Liegt die Akkuspannung über der Zenerspannung, so ist die ZD leitend und die LED signalisiert, daß die Spannung noch o. k. ist. Sinkt dagegen die Akkuspannung unter den Wert der Zenerspannung, erlischt diese. Die Schaltung sollte mit einem Taster zu Prüfzwecken verwendet werden, um eine Entladung bei ständigem Leuchten der LED zu verhindern.

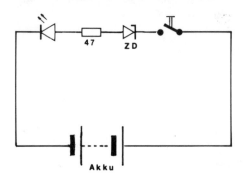

Der Wert der ZD sollte 1 Volt höher sein als die Akkuspannung.

Stromverbrauchsanzeige

Mit nachfolgender Schaltung läßt sich anzeigen, ob zum Verbraucher (Akku) wirklich ein Strom fließt. Mit den angegebenen Bauteilen kann ein Strom von ca. 10 mA–1 A angezeigt werden. Die Funktion der Schaltung ist recht einfach, sobald ein Strom über die Diode D1 fließt, fällt an ihr eine Spannung von 0,6 V ab und schaltet somit den Transistor T1 durch und die LED leuchtet. Diese Anzeige läßt sich universell einsetzen, z. B. zur Stromanzeige bei Kassettenrecordern, Kofferradios, Akkus oder sonstigen Geräten.

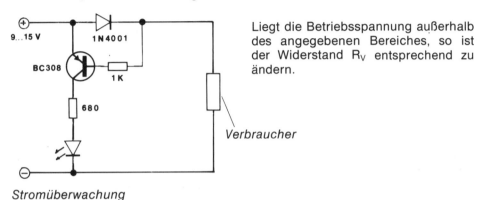

Liegt die Betriebsspannung außerhalb des angegebenen Bereiches, so ist der Widerstand R_V entsprechend zu ändern.

Stromüberwachung

Polaritäts- und Spannungsprüfer für großen Betriebsspannungsbereich

Mit diesem Testgerät läßt sich eine schnelle Prüfung der Polarität von unbekannten Spannungsquellen durchführen. Die Polarität wird dabei durch eine rote LED (+) und eine grüne LED (–) angezeigt. Der zu prüfende Spannungsbereich darf zwischen 4 . . . 30 V betragen. Durch diesen großen Spannungsbereich ist es nicht möglich, den Strom für die LEDs mit einem einfachen Vorwiderstand zu stabilisieren. Die Diode würde bei kleinen Spannungen überhaupt nicht leuchten und bei hohen Spannungen würde der Strom soweit ansteigen, daß die LED dadurch zerstört würde.
Über eine Stabilisierungsschaltung muß daher der Strom bei der Polaritäts- und Spannungsprüfung auf einem konstanten Wert gehalten werden.
Mit den Transistoren T1 . . . T4 sowie den Widerständen R1 . . . R4 wurde daher eine Konstantstromquelle aufgebaut. Die Dioden D1 und D2 sperren jeweils einen Teil der Schaltung je nach Polarität.

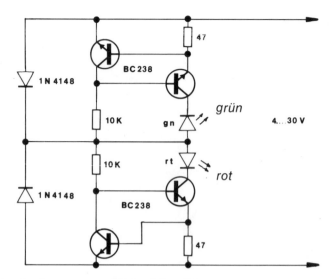

Schaltung des Spannungs- und Polaritätsprüfers

Spannungsprüfer für Kraftfahrzeuge

Die nachfolgende Abb. zeigt die Schaltung eines Spannungsprüfers. Liegt an dem zu prüfenden Punkt eine Spannung von +12 V an, so wird dies durch eine rote LED signalisiert. Liegt dagegen der Prüfpunkt auf Masse, so wird dies durch eine grüne LED angezeigt. Weist der Prüfpunkt eine Unterbrechung auf oder ist nicht angeschlossen, so bleiben beide LEDs dunkel.

Wird die Schaltung in ein kleines Tastkopf-Gehäuse eingebaut, erhält man einen handlichen Prüfstift.

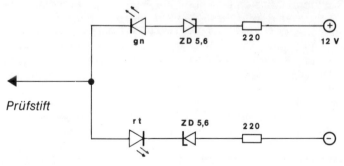

Spannungsprüfer

Spannungsprüfer mit optischer und akustischer Anzeige für Kraftfahrzeuge

Diese Schaltung zeigt einen unter Spannung (+ 12 V) stehenden Punkt im Kfz durch eine rote LED sowie durch ein akustisches Signal an. Liegt dagegen der Prüfpunkt auf Masse, wird dies durch eine grüne LED signalisiert. Ist das zu prüfende Teil nicht angeschlossen oder weist es eine Unterbrechung auf, so bleiben beide LEDs dunkel.

Ein ideales Gerät zur Fehlersuche in der Elektrik Ihres Fahrzeugs. Damit Sie alle Hände frei haben, sollten Krokodilklemmen für die 3 Anschlüsse verwendet werden.

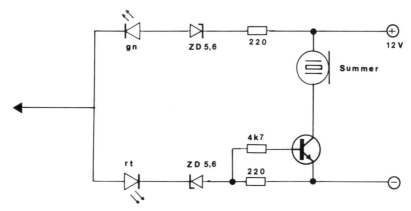

Optischer und akustischer Spannungsprüfer

TTL-Prüfstift mit C-MOS-IC 4009

Dieser Prüfstift läßt sich zur Spannungsanzeige für Kraftfahrzeuge sowie zur Anzeige der Logikzustände in der Digitaltechnik einsetzen. Die einzelnen Logikzustände werden durch zwei verschiedenfarbige LEDs, rote LED (= plus bzw. log. „1") grüne LED (= minus bzw. log. „0") signalisiert. Bei offenem Eingang wird nichts angezeigt. Die Schaltung selbst sollte in ein handelsübliches Tastkopfgehäuse mit Prüfspitze eingebaut werden. Die Betriebsspannung wird über zwei Krokodilklemmen zugeführt.
Durch den hohen Eingangswiderstand der Schaltung wird die zu prüfende Schaltung kaum belastet. Die Ansteuerung der LEDs erfolgt durch Transistor T1 und T2. Diese wiederum werden von den Inverterstufen der integrierten Schaltung angesteuert, je nachdem, ob der Eingang „Low" oder „High" bzw. auf „plus" oder „minus" liegt.
Es kann somit im Kfz untersucht werden, ob an bestimmten Teilen des Kfz Spannung vorhanden ist oder ob der Punkt mit Masse eine Verbindung hat.

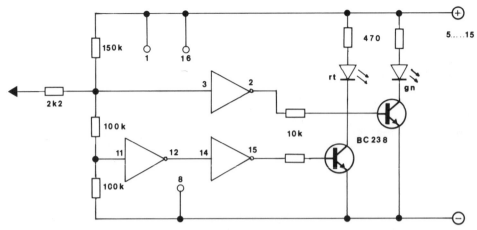

Schaltbild des Logik-Testers mit C-MOS-IC 4009

Blinkendes Leuchtband für besondere Aufmerksamkeit

Mit z. B. zwei oder mehr Normal-LEDs und einer Blink-LED läßt sich eine blinkende LED-Kette aufbauen. Z. B. vier blinkende LEDs richten ein größeres Augen-
merk bei Gefahr auf sich, als eine einzelne blinkende LED. Diese Blink-Gruppe
läßt sich – wie bereits erwähnt – mit drei Normal-LEDs und einer Blink-LED (z. B.
CQX 21) realisieren. Die nachfolgende Abbildung zeigt die Gesamt-Schaltung.
Die erforderliche Betriebsspannung erhält man, wenn man davon ausgeht, daß
man als Spannung für die Blink-LED 5 V benötigt und für jede weitere LED ca. 2 V
hinzuzählt. Besonders wirkt die Schaltung, wenn man LEDs mit verschiedenen
Farben verwendet. Steht eine höhere Betriebsspannung als die addierten Einzel-
LEDs zur Verfügung, muß diese durch eine in Reihe geschaltete Zenerdiode
reduziert werden. Der Wert der Zenerspannung ergibt sich aus Differenzen der
benötigten und zur Verfügung stehenden Spannung.
Stehen z. B. 15 V Betriebsspannung zur Verfügung und sie benötigen für drei
Normal-LEDs und eine Blink-LED (2 + 2 + 2 + 5 V = 11 V) 11 V Betriebsspan-
nung, so wird eine 3,9 V ZD in Reihe geschaltet.

Blinkendes Leuchtband

30

Quarztester mit LED-Anzeige

In vielen Fällen ist es notwendig, zu wissen, ob ein Quarz schwingt oder nicht. Mit diesem einfachen Quarztester wird dies beim Prüfen des Quarzes durch eine LED angezeigt. Es lassen sich somit Amateur- und CB-Quarze, Doppelsuper-, Funkfernsteuer-Quarze u. a. auf ihre Funktionstüchtigkeit testen.

Der zu prüfende Quarz bildet zusammen mit dem Transistor T1 und den Bauteilen R1, C1, C3 und R3 eine Schaltung, die mit der Quarz-Frequenz schwingt. In der folgenden Spannungsverdoppler-Schaltung wird die dabei erzeugte HF-Spannung mit C2, D2 und D1 gleichgerichtet, dem Transistor T2 zugeführt und dabei durchgeschaltet. Dieser Transistor bringt über Widerstand R3 die LED zum Leuchten, die den Zustand des Quarzes anzeigt.
Die gesamte Schaltung erfordert keinerlei Abgleich.
Ein zu prüfender Quarz wird in die entsprechende Quarzfassung gesteckt und schon zeigt die Leuchtdiode an, ob der Quarz gut oder defekt ist. Ein defekter Quarz schwingt gar nicht erst an und die Leuchtdiode bleibt dunkel.
Die Platine wird am zweckmäßigsten zusammen mit einer 9-V-Batterie in ein kleines Kunststoff- oder Alu-Gehäuse eingebaut.

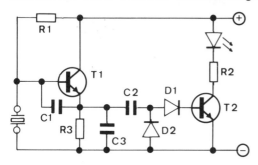

Schaltplan des Quarztesters

Stückliste (Quarztester)

R 1 = 47 kΩ
R 2 = 470 Ω
R 3 = 1 kΩ
C 1 = 1 nF
C 2 = 1 nF
C 3 = 100 pF
D 1 = 1 N 4148 o. ähnl.
D 2 = 1 N 4148 o. ähnl.
T 1, T 2 = BC 238 o. ähnl.
1 LED 5 mm∅

LED-Beleuchtung für das Namensschild einer Haustürklingel

Da ja bekanntlich LEDs eine viel höhere Lebensdauer als Glühlampen aufweisen, ist es von Vorteil die Glühlampen der Namensschildbeleuchtung durch LEDs zu ersetzen. Durch die Verwendung von LEDs des Typs V 312P bzw. V 313P, jeweils mit einer Diode und einem Widerstand in Reihe geschaltet, erhalten Sie eine sinnvolle Alternative. Wie bereits in der Einleitung erwähnt, eignen sich superhelle LEDs ideal für Beleuchtungszwecke. Sie werden an geeigneter Stelle hinter dem Namensschild angeordnet und ersparen Ihnen für mindestens 10 Jahre das Wechseln der Namensbeleuchtung.

Namensschildbeleuchtung

Berechnung des Vorwiderstandes

$$R_V = \frac{U_B - U_{LED\,1} - U_{LED\,2} - 0{,}7\,V}{I_{LED}}$$

31

Leuchtdiode für 220 V

Mit nebenstehender Schaltung läßt
sich eine LED auch an 220 V Netzspannung betreiben. Widerstand R_v und
Kondensator C begrenzen den Strom,
der durch die LED fließt. Die Diode –
parallel zur LED – schützt die LED vor
zu hoher Sperrspannung.

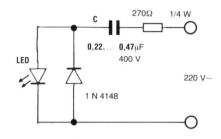

Einfacher Wechselblinker

Mit dieser Schaltung läßt sich ein preiswerter Wechselblinker mit Transistoren
aufbauen. Ist Transistor T1 leitend, leuchtet LED 1. Nach einer bestimmten Zeit
kippt die Stufe, der Transistor T1 sperrt, Transistor T2 wird leitend, nachdem
sich C aufgeladen hat. Widerstand R1 und R4 begrenzen den Strom durch die
LED. Mit dem Poti P1 läßt sich die Blinkfrequenz in weiten Grenzen einstellen.

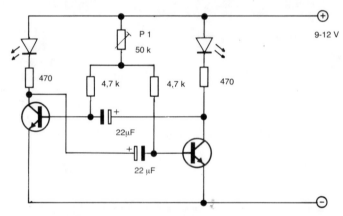

Astabile Kippstufe der Wechselblinkerschaltung

Besondere Blinkschaltung

Da Blinklichter immer gern nachgebaut werden, wollen wir hier eine Schaltung
vorstellen, die ein besonderes Blinkmuster erzeugt. Blinkende Lichtsignale sind
zudem auch viel auffälliger als Dauerlichtsignale.

Die nachfolgende Abb. zeigt die bekannte Schaltung des IC NE 555 als Taktge-
nerator. Durch Hinzufügen der Diode D1 wird erreicht, daß Impulsdauer sowie
Impulspause gleich groß ist. Dadurch wird ein gleichmäßiges Wechselblinken
erzeugt.

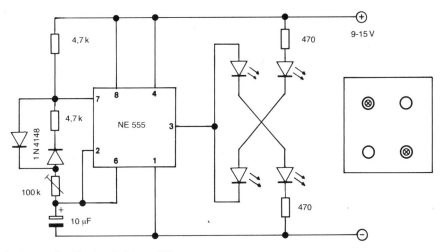

Schaltung der Springlichtausführung

Wechselblinker mit Timer IC NE 555

Mit dem Timer IC NE 555 läßt sich ebenso ein preiswerter wie einfacher Wechselblinker aufbauen. Durch die Dioden D1 und D2 wird ein gleichmäßiges Tastverhältnis erreicht (Symmetrisches Blinken der LEDs). Mit dem Trimmpoti (100 kΩ) wird die Blinkfrequenz eingestellt. Durch Vergrößern von C1 (auf 22 µF oder 47 µF) kann der Zeitbereich verlängert werden.

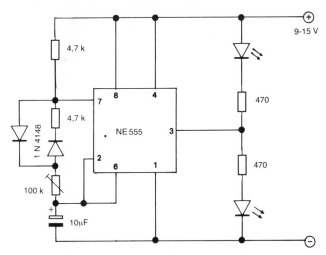

Schaltung des Wechselblinkers

Blinker mit dem Timer IC NE 555

Mit wenig zusätzlichen Bauteilen läßt sich mit dieser Schaltung ein LED-Blinker aufbauen. Der Timer IC ist hier als Multivibrator geschaltet. Widerstand R1 und R2 sowie Kondensator C1 bestimmen die Impulsdauer. Anstelle von R1 und R2 kann auch ein Trimmpoti eingesetzt werden, dadurch ist die Blinkfrequenz stufenlos einstellbar (Blink- und Pausenzeit).

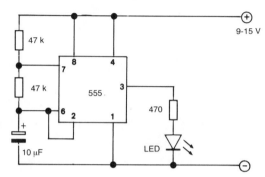

Schaltung des LED-Blinkers

Akku- oder Batterie-Zustandsanzeiger

Mit unten aufgeführter Schaltung ist es möglich, den Spannungszustand eines Akkus oder einer Batterie zu überwachen. Sinkt die Spannung eines 12-V-Akkus unterhalb 10 V ab, so wird dies durch eine LED signalisiert.
Solange die Spannung den Grenzwert übersteigt, bleibt der Spannungsabfall an Widerstand (2,2 kΩ) höher als die Basisschwelle von T1. Dieser Transistor ist somit durchgesteuert und sperrt dadurch T2. Sinkt die Akkuspannung unter den Grenzwert, so verringert sich der Spannungsabfall an Widerstand (2,2 kΩ) und T1 sperrt. Transistor T2 leitet und die LED signalisiert, daß die Batteriespannung zu weit abgesunken ist bzw. der Akku aufgeladen werden muß.

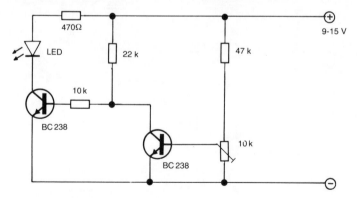

Schaltung der einstellbaren Akku-Anzeige

Schaltzeichen wichtiger Bauelemente

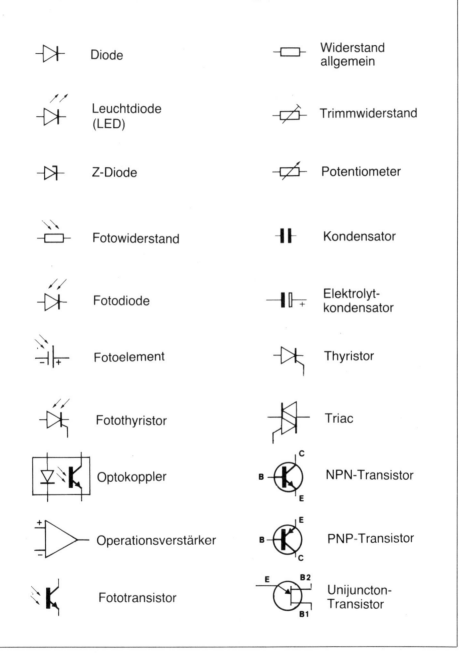

Diode

Widerstand allgemein

Leuchtdiode (LED)

Trimmwiderstand

Z-Diode

Potentiometer

Fotowiderstand

Kondensator

Fotodiode

Elektrolyt-kondensator

Fotoelement

Thyristor

Fotothyristor

Triac

Optokoppler

NPN-Transistor

Operationsverstärker

PNP-Transistor

Fototransistor

Unijuncton-Transistor

Spannungsüberwachungsschaltung mit LM 741 und Duo-LED

Mit dem preiswerten und bekannten Operationsverstärker LM 741 Dip kann mit wenig Bauteilen ein Spannungswächter aufgebaut werden. Die Schaltung läßt sich ideal im Modellbaubereich einsetzen, um z. B. die Empfänger-, Fahr- oder Sender-Akkus ständig auf den Ladezustand hin zu kontrollieren.

Mit dem Trimmpoti wird die Schaltwelle eingestellt, bei der die Duo-LED CQX 95 von grün (Akku voll) auf rot (Akku hat Entladeschlußspannung erreicht) wechselt.
Der Betriebsspannungsbereich der Schaltung liegt bei ca. 8 . . . 18 V, die Stromaufnahme bei etwa 20 mA.
Anstelle der LED CQX 95 läßt sich eine LED des Typs V 628 P verwenden, mit dem Vorteil, daß bei Unterspannung des Akkus die LED rot blinkt. Ist dagegen der Akku voll, so leuchtet die LED grün. Ebenso kann eine Blink-LED des Typs CQX 21 oder FRL 4403 – wie die Schaltung zeigt – angeschlossen werden. Bei Unterspannung beginnt diese zu blinken.

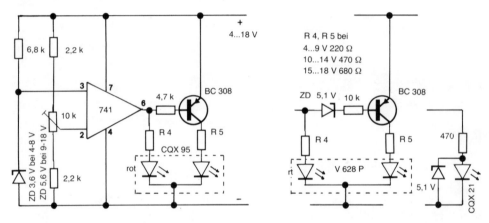

Spannungsüberwachung mit der Duo-LED „CQX 95", mit der LED „V 628 P", mit der LED CQX 21

Einfache Akku-Überwachung mit LM 741

Mit dem preiswerten und bekannten Operationsverstärker LM 741 Dip kann man mit wenig Bauteilen ein Spannungswächter aufbauen. Die Schaltung läßt sich besonders für den Modellbau einsetzen, um z. B. die Empfänger-Fahrbatterie ständig auf den Ladezustand hin zu kontrollieren.
Die Ladespannungsanzeige läßt sich mit dem Trimmpoti auf den genauen Wert einstellen, ab welcher Spannung die jeweilige LED von grün (Batterienennspannung) auf rot (Batterieunterspannung) schaltet. Der Betriebsspannungsbereich der Schaltung liegt zwischen 4 V und 18 V, die Stromaufnahme bei ca. 20 mA.

Als LEDs werden zwei LEDs (rot und grün, in 3 mm ∅ oder 5 mm∅) verwendet. Wird nur eine Anzeige bei Unterspannung gewünscht, so kann LED 2 weggelassen werden, dadurch liegt die Stromaufnahme der Schaltung bei voller Batterie nur noch bei ca. 3 mA.

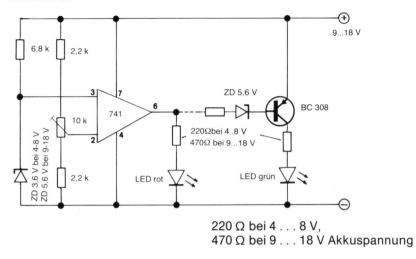

220 Ω bei 4 . . . 8 V,
470 Ω bei 9 . . . 18 V Akkuspannung

Schaltung der Akku-Spannungsüberwachung mit LM 741

Lade- und Entlade-Anzeige für Akkus

Eine interessante Schaltung wird nachfolgend gezeigt; sie dient zur Lade- (oder Puffer-) und Entladestrom-Anzeige bei Akkus. Die Schaltung kann z. B. in Alarmanlagen, Funkgeräten u. ä. eingebaut werden, die einen Puffer-Akku für Stromausfall enthalten. Durch zwei LEDs (rot und grün) wird signalisiert, ob der eingebaute Akku geladen bzw. auf Pufferung gehalten wird, oder ob diesem Strom für die Schaltung entnommen wird. Leuchtet z. B. die grüne LED, so wird der Akku gepuffert (geladen). Bei Aufleuchten der roten LED wird dem Akku Strom entnommen.

Das Schaltbeispiel zeigt den Teil einer Alarmanlage mit Notstromversorgung über einen Akku. Der Widerstand R_v soll so bemessen werden, daß bei Pufferung ein Strom von ca. 20 % des Normal-Ladestromes fließt. (Normalladestrom ist 10 % der Akkukapazität), z. B. wird ein 500-mA-Akku mit 50 mA geladen und mit ca. 10 mA gepuffert. Bei Netzausfall wird der Widerstand R_v durch die Diode D 1 überbrückt und die Schaltung vom eingebauten Akku mit Strom versorgt und dies – wie erwähnt – durch LEDs signalisiert. Diode D 2 verhindert, daß sich der Akku bei fehlender Netzspannung über das Netzteil entlädt.

Grüne LED leuchtet: Akku wird geladen. Rote LED leuchtet: dem Akku wird Strom entnommen.

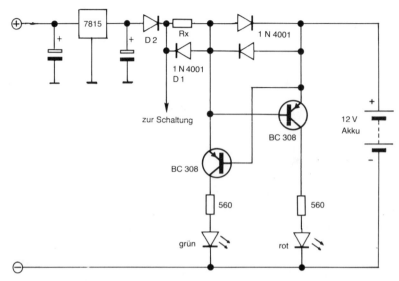

Schaltung der Ladestromanzeige

Akku-Lade-/Entlade- und Ladezustandsanzeige

Die nachfolgende Abb. zeigt die Schaltung für eine 3fache Anzeige: Wird z. B. der angeschlossene Akku geladen, so leuchtet die rote LED, sinkt die Akkuspannung unter einen mit P1 einstellbaren Wert infolge zu langer Stromentnahme aus dem Akku, so leuchten beide LEDs und signalisieren somit, daß der Akku dringend nachgeladen werden muß, um die Funktionssicherheit der eventuell angeschlossenen Schaltung nicht zu beeinträchtigen.

Grüne LED leuchtet: Akku wird geladen. Rote LED leuchtet: aus dem Akku wird Strom entnommen.
Rote und grüne LED leuchten: Akkuspannung zu niedrig.

38

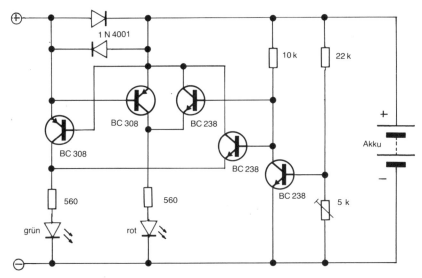

Schaltung der 3fach-Ladezustandsanzeige für Akkus

Pkw-Batterie-LED-Anzeige

Ein nützliches Zusatzinstrument für die Anzeige des Batteriezustandes Ihres Pkw's. Über 10 LEDs wird ständig und mit einem Blick erfaßbar der genaue Batteriezustand angezeigt. Die zweifarbige LED-Skala reicht von 10,5 bis 15 V in 0,5-V-Schritten. Unter- oder Überschreiten der Batteriespannung wird durch rote LEDs signalisiert. Die Stromaufnahme beträgt ca. 20 mA.

Abgleich

Mit den beiden Trimmpotis P 1 und P 2 wird die obere und untere Versorgungsspanne eingestellt. Schließen Sie hierzu den Baustein an ein regelbares Netzgerät (15 V) an und stellen Sie P 1 so ein, daß LED 10 (15 V) zu leuchten beginnt. Danach Netzteil auf ≦ 10,5 V einstellen und P 2 verdrehen bis LED 1 (10,5 V) zu leuchten beginnt. Beide Werte zur Überprüfung des Abgleichs noch einmal einstellen. Um eine Zerstörung der integrierten Schaltung durch Bordspannungsspitzen zu verhindern, wird eine Zenerdiode (18 V 0,5 . . . 1 W) parallel zur Betriebsspannung geschaltet.

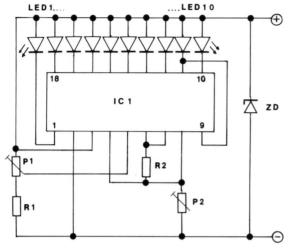

R1 = 4,7 kΩ
R2 = 1,2 kΩ
P1 = 5 kΩ
P2 = 5 kΩ
IC1 = LM 3914
LED 1–3 = rot 5 mm∅
LED 4–8 = grün 5 mm∅
LED 9 u. 10 = rot 5 mm Ω

Schaltung der Batterie-Anzeige

Kfz-Bordspannungsüberwachung mit TCA 965

Diese Schaltung überwacht ständig die Batteriespannung ihres Pkw's. Der Batteriezustand wird durch drei verschiedenfarbige LEDs angezeigt. Nach dem Einschalten der Zündung leuchtet normalerweise die grüne LED als Zeichen dafür, daß die Batteriespannung in Ordnung ist.
Bei Überspannung leuchtet die gelbe LED und signalisiert z. B. den Defekt des Reglers. Eine zu niedrige Akkuspannung wird durch eine rote LED angezeigt, dies kann z. B. eine leere Batterie im Winter oder eine schadhafte Batteriezelle sein.
Die Schaltung arbeitet mit dem Fensterdiskriminator TCA 965, der bei wenig Schaltungsaufwand eine gute Genauigkeit garantiert. Die obere und untere Schaltschwelle sind durch zwei Trimmpotis einstellbar.

Abgleich

Bei einem 12-V-Akku gelten folgende Spannungswerte:
a) Batteriespannung kleiner als 11,5 V – Akku gilt als entladen,
b) Batteriespannung größer als 14,5 V – Akku ist überladen.
Mit den beiden Trimmpotis werden die Schaltschwellen (Fensterspannung) eingestellt. Hierzu wird der Baustein an ein regelbares Netzgerät angeschlossen und die Spannung auf ≤ 11,5 V eingestellt und P2 so eingeregelt, daß die erste LED leuchtet. Anschließend wird die Spannung auf ≥ 14,5 V eingestellt und mit dem Trimmpoti P2 die gelbe LED zum Aufleuchten gebracht. Wird die Netzteilspannung zwischen diese beiden Werte eingestellt, so muß die grüne LED aufleuchten. Dieser Abgleich sollte noch einmal wiederholt werden.

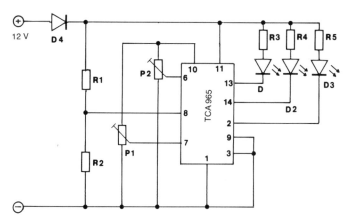

Schaltbild der Kfz-Bordspannungsüberwachung

Batteriespannungsanzeige mit IC TCA 105

Mit der nachfolgend aufgeführten Schaltung läßt sich eine einfache Batterie-spannungsanzeige aufbauen. Mit dem Poti wird der Schaltpunkt eingestellt. Bei der Batterienennspannung leuchtet die grüne LED auf, unterschreitet die Batteriespannung den mit dem Poti eingestellten Grenzwert, erlischt diese und die rote LED leuchtet und signalisiert somit eine abgesunkene Batteriespannung. Die Batteriespannung kann zwischen 4,5 . . . 25 V betragen.

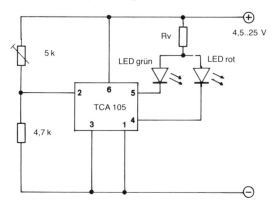

Der Vorwiderstand beträgt für die angegebenen Spannungen:
4,5 . . . 9 V 330 Ω
9 . . . 15 V 560 Ω
15 . . . 20 V 820 Ω
20 . . . 25 V 1,2 kΩ

Schaltbild der Batteriespannungsanzeige

Spannungsausfallanzeige

Für manche Geräte ist es wichtig, zu wissen, ob ein kurzzeitiger Ausfall der Speisespannung vorhanden war.
Mit nachfolgender Schaltung kann ein Spannungsausfall sicher erkannt werden.
Durch Aufleuchten einer LED wird signalisiert, daß ein kurzzeitiger Ausfall der Speisespannung eingetreten ist.
Im Ruhezustand beträgt die Stromaufnahme ca. 0,6 mA.

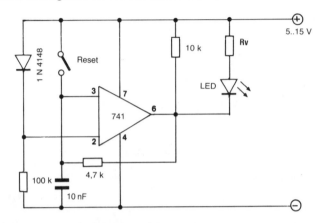

Schaltung der Spannungsausfallanzeige

Universal-NICD-Akku-Ladegerät mit Verpolungsschutz

Da sich NICD-Batterien anstelle von „normalen" Batterien in letzter Zeit immer mehr durchsetzen, aber wieder nachgeladen werden müssen, wird nachfolgend ein preiswertes Ladegerät vorgestellt.
Dieses kompakte Ladegerät ermöglicht das Laden von 1 bis 12 Einzelakkus, z. B. Mignon, Baby, Monozellen, 9-V- und 12-V-Akkus u. ä.
Mit einem 9stufigen Ladeschalter wird der erforderliche Ladestrom eingestellt.
Das Gerät besitzt eine automatische Ladespannungsanpassung für alle Zellen Typen von 1,2–16 V.
Damit der angeschlossene Akku oder das Gerät bei Falschpolung keinen Schaden erleiden kann, ist dies mit einer elektronischen Verpolungsschutzschaltung ausgerüstet. Drei LEDs signalisieren die jeweiligen Funktionen, z. B. „Ein", „Akku wird geladen" eine rot blinkende LED signalisiert eine „Falschpolung" des Akkus.

Technische Daten

Betriebsspannung: 220 V ca. 10 VA
Ladestrom stufig einstellbar: 4, 10, 25, 40, 80, 100, 150, 200, 300 und 400 mA.
Ladespannungsanpassung: automatisch
Verpolungsschutz durch elektronische Abschaltung

So sieht das fertige Gerät im Gehäuse aus

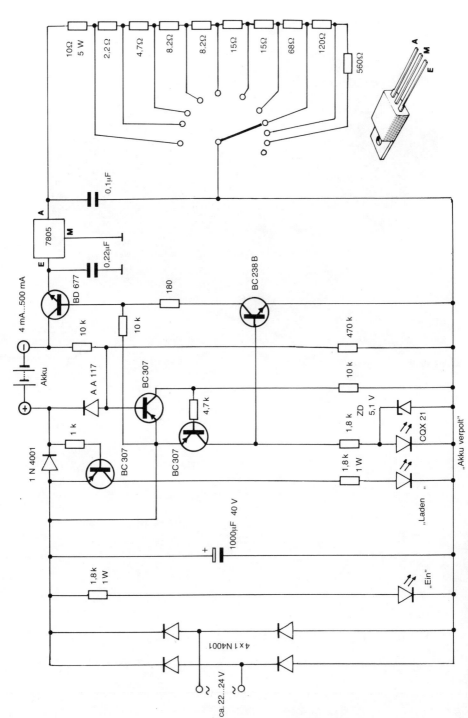

Schaltbild des Akku-Ladegerätes

44

Verkehrsampelsteuerung für Modellanlagen

(Bausatz der Fa. Conrad Electronic)

Diese Ampelsteuerung eignet sich ideal für Modelleisenbahnen und Modellauto-
rennbahnen und ermöglicht die Steuerung einer kompl. Kreuzung (4 Ampeln).
Die Besonderheit gegenüber den sonst angebotenen Steuerungen besteht darin,
daß die Ampelphasen naturgetreu ablaufen, z. B. rot/gelb und grün, bzw. grün,
gelb, rot. Ebenso ist die Länge der gesamten Phase in weiten Grenzen einstellbar.

Technische Daten

Betriebsspannung: 12 . . . 24 V = oder ~
Stromaufnahme: ca. 60 . . . 80 mA (4 Ampeln)

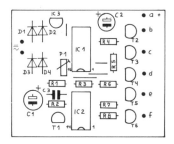

Bauteileanordnung der Ampelsteuerung

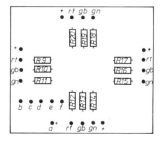

Bauteileanordnung der Kreuzungsplatine

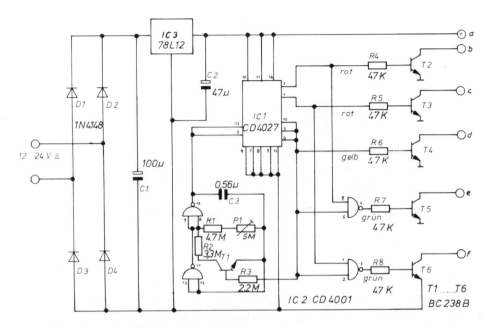

Schaltplan der Ampelsteuerung

Durch Verkleinern von R2 bis ca. 1,8 M, läßt sich die Gelbphase verkürzen.

Verdrahtung

Diese Baustufe erfordert sehr viel Sorgfalt, achten Sie daher besonders auf den genauen Verlauf der einzelnen Verbindungen.

Zuerst verbinden Sie mit dünner Litze die Steuerplatine mit der Kreuzungs-platine.

Anschluß „a" der Steuerplatine wird mit Anschluß „a" der Kreuzungsplatine verbunden, Anschluß „b" mit „b", „c" mit „c" usw. bis Anschluß „f" mit „f".

Danach werden die einzelnen Ampeln angeschlossen. Die Kreuzungsplatine wird am zweckmäßigsten direkt unter der eigentlichen Straßenkreuzung installiert, dadurch entfallen die sonst zu langen Verbindungen der einzelnen Ampeln zur Platine.

Der schwarze oder weiße Anschlußdraht der einzelnen Ampeln wird mit der mit „ + " gekennzeichneten Stelle verbunden, der rote Anschlußdraht der Ampel mit der mit „rt" gekennzeichneten Stelle der Kreuzungsplatine, gelb mit „gb" und grün mit „gn" (siehe dazu den Verdrahtungsplan).

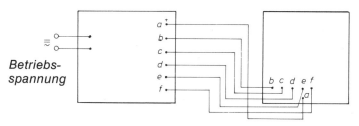

Verdrahtung der Steuerplatine mit der Kreuzungsplatine

Funktionstest, Inbetriebnahme

Vor dem endgültigen Einbau in ein Gehäuse oder dgl. sollte eine Funktionsprüfung durchgeführt werden. Nachdem die Ampel und die beiden Platinen verdrahtet worden sind, wird an die mit „∼" gekennzeichneten Lötstifte auf der Steuerplatine eine Betriebsspannung, die zwischen 12 ... 24 V Gleich- oder Wechselspannung betragen darf, angeschlossen. Bei Anschluß einer Gleichspannung braucht die Polarität nicht beachtet zu werden. Wichtig ist auf jeden Fall, daß bei Verwendung eines Netzteils dies unbedingt den VDE-Bestimmungen entsprechen muß.

Mit dem Einstellregler „P1" wird die Länge der gesamten Ampelphase nach den Erfordernissen eingestellt. Die Steuerung kann nach erfolgter Funktionsprüfung in ein Gehäuse eingebaut oder unter der Modellanlage installiert werden.

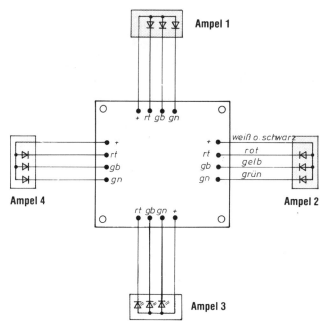

Verdrahtungsplan der Ampelkreuzung

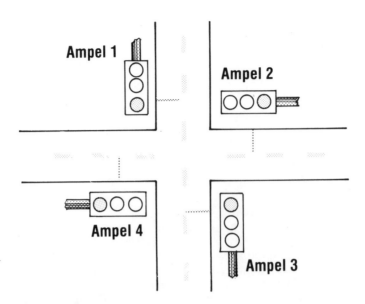

Anordnung der einzelnen Ampeln

Warnblinker für Modellanlagen
mit ausführlicher Bauanleitung für Selbstbau-Bausätze

Dieser Bausatz ermöglicht die Steuerung von Warnblinkanlagen, Überweg- sowie Bahnübergangssicherungen o. ä. im Modellbaubereich. Die Impulsauslösung erfolgt über Reedkontakte oder Drucktaster und steuert somit den Wechselblinker für eine einstellbare Zeitdauer von ca. 2 . . . 30 Sek. an. Ebenso läßt sich die Blinkfrequenz in weiten Grenzen einstellen.

Technische Daten

Betriebsspannung: 12 . . . 24 V = oder ~
Stromaufnahme: ca. 40 mA

Schaltungsbeschreibung

Die Ansteuerung der eigentlichen Blinkschaltung, die mit den als Multivibrator aufgebauten Transistoren T1 und T2 geschaltet ist, erfolgt durch das Timer-IC-NE 555.

Wird Pin 2 (NE 555) durch einen im Bahngleis angebrachten Reedkontakt getriggert, so wird Pin 3 positiv und steuert die nachgeschaltete Multivibratorschaltung an. Pin 3 bleibt solange positiv, bis sich C3 auf ⅔ der Betriebsspannung aufgeladen hat und wird dann wieder negativ. Die Ladezeit des Kondensators C3, die die Blinkzeit bestimmt, wird mit dem Trimmpoti P1 eingestellt.

Die Einstellung der Blinkfrequenz erfolgt mit Trimmpoti P2.

1. Baustufe: Montage der Bauelemente auf der Platine

1.1 Zuerst werden die winkelig abgebogenen Widerstände in die entsprechenden Bohrungen (lt. Bestückungsplan) gesteckt. Danach biegen Sie die Widerstände ca. 45° auseinander, damit diese beim Umdrehen der Platine nicht herausfallen können und verlöten diese auf der Rückseite sorgfältig mit den Leiterbahnen.

○ R1 =   10 kΩ   braun, schwarz, orange
○ R2 =   47 kΩ   gelb, violett, orange
○ R3 =   10 kΩ   braun, schwarz, orange
○ R4 = 390 Ω   orange, weiß, braun
○ R5 = 4,7 kΩ   gelb, violett, rot
○ R6 = 4,7 kΩ   gelb, violett, rot
○ R7 = 390 Ω   orange, weiß, braun

*Widerstand muß flach
auf der Platine aufliegen*

1.2 Nun werden die Dioden D1 ... D4 in die entsprechenden Bohrungen gesteckt. Beachten Sie dabei unbedingt die Polarität. Die Kathodenseite ist bei den Dioden durch einen Farbring gekennzeichnet. Anschließend biegen Sie die Drahtenden etwas auseinander und verlöten die Drähte bei kurzer Lötzeit mit den Leiterbahnen der gedruckten Schaltung. Danach werden die überstehenden Drähte abgeschnitten.

D1 ... D4 = Silizium-Diode 1 N 4148 oder 1 N 914

1.3 Stecken Sie nun die Kondensatoren in die entsprechend gekennzeichneten Bohrungen, biegen Sie die Drähte etwas auseinander und verlöten Sie diese sauber mit den Leiterbahnen. Bei den Elektrolyt-Kondensatoren (Elkos) ist auf die Polarität zu achten (+ −).

○ C1 = Kondensator 10 nF
○ C2 = Kondensator 10 nF
○ C3 = Elko 100 µF
○ C4 = Elko 22 µF - 47 µF
○ C5 = Elko 22 µF - 47 µF
○ C6 = Elko 47 µF
○ C7 = Elko 100 µF

Elko C3 ... C7

1.4 Nun werden die beiden Einstellregler in die Schaltung eingesetzt und verlötet
○ P1 = Einstellregler 250 kΩ - 500 kΩ
○ P2 = Einstellregler   50 kΩ

1.5 In diesem Arbeitsgang werden die Transistoren in die entsprechenden Bohrungen eingesetzt.
Beachten Sie dabei die Lage: Die abgeflachte Seite muß mit dem Bestückungsplan übereinstimmen. Die Anschlußbeine dürfen sich auf keinen Fall kreuzen, außerdem soll der Transistor ca. 5 mm Abstand zur Platine haben. Achten Sie dabei auf kurze Lötzeit, damit die Transistoren nicht durch Überhitzung zerstört werden.
T1 = NPN-Transistor BC 237, BC 238 BC 239 (A, B oder C)
T2 = NPN-Transistor BC 237, BC 238 BC 239 (A, B oder C)

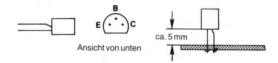

Ansicht von unten

1.6 Nun wird der integrierte Spannungsregler „IC2" polungsrichtig lt. Bestückungsplan in die Schaltung eingelötet.
○ IC2 = UA 78 L 12, UA 78 L 12 AWC

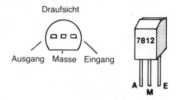

Draufsicht

Ausgang   Masse   Eingang

1.7 Stecken Sie als nächstes die IC-Fassung (8polig) für die integrierte Schaltung in die vorgesehene Position.
Achtung! Einkerbung oder sonstige Kennzeichnung der Fassung beachten, dies ist die Markierung für IC (Anschluß 1). Um ein Herausfallen der Fassung zu verhindern, werden zwei schräg gegenüberliegende Pins mit einem Schraubendreher umgebogen und danach verlötet.

Kennzeichnung durch abgeschrägte Fläche   *Kennzeichnung durch Kerbe*

1.8 Danach werden die Lötstifte für die vorgesehenen Anschlußpunkte mit Hilfe einer Flachzange in die noch freien Bohrungen gesteckt und auf der Rückseite verlötet.

1.9 Zum Schluß wird der integrierte Schaltkreis vorsichtig in die dafür vorgesehene Fassung eingesetzt. Achtung! Integrierte Schaltungen sind empfindlich gegen Falschpolung! Achten Sie deshalb auf die entsprechende Kennzeichnung des ICs (Kerbe oder Punkt).
IC 1 = Timer IC NE 555 P, CA 555 CE oder TDB 555 DP

1.10 Kontrollieren Sie die Schaltung vor Inbetriebnahme nochmals daraufhin, ob alle Bauteile richtig eingesetzt und gepolt sind. Sehen Sie auf der gedruckten Seite (Leiterbahnseite) nach, ob durch Lötzinnreste Leiterbahnen überbrückt wurden, was zu Kurzschlüssen und zur Zerstörung von Bauteilen führen kann. Ferner ist zu kontrollieren, ob nicht abgeschnittene Drahtenden auf der Platine liegen. Dies könnte ebenfalls zu Kurzschlüssen führen.

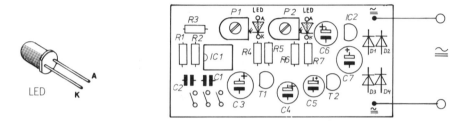

Bauteileanordnung der Wechselblinkerschaltung

2. Baustufe: Verdrahtung

Diese Baustufe erfordert die gleiche Sorgfalt wie die Bestückung der Platine. Achten Sie deshalb besonders auf den genauen Verlauf der einzelnen Verbindungen.

2.1 Zuerst verbinden Sie mit dünner Litze die LEDs zu den einzelnen Signalen (Warnkreuz, Warnampel) o. ä. mit der Platine. Achten Sie dabei auf die richtige Polung der LEDs (Anode, Kathode).

2.2 Danach werden die einzelnen Reedkontakte mit den auf der Platine gekennzeichneten Punkten verbunden (s. dazu Verdrahtungsplan). Von dem unten am Zug befestigten Magneten werden die Reedkontakte betätigt. Dieser Reedkontakt löst das Warnsignal aus. Er muß daher an geeigneter Stelle am Gleis montiert werden.

2.3 Der Anschluß der Betriebsspannung erfolgt an den mit „~" gekennzeichneten Lötstiften. Der Baustein arbeitet mit Gleich- oder Wechselspannung, die zwischen 12...24 V betragen darf. Bei Anschluß an eine Gleichspannung braucht die Polarität nicht beachtet zu werden.

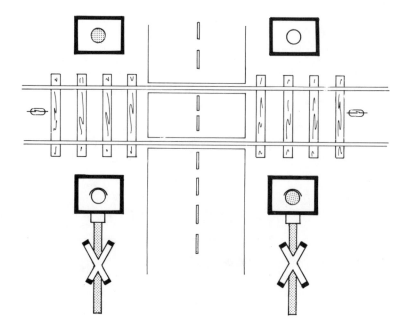

Anordnung der Reedkontakte und Warnlichter

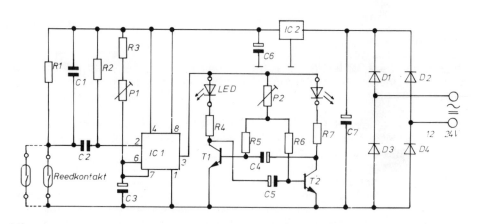

Schaltplan   *(Bausatz der Fa. Conrad Electronic)*

3. Baustufe: Funktionstest, Inbetriebnahme

Vor dem endgültigen Einbau in ein Gehäuse oder dergleichen sollte eine Funktionsprüfung durchgeführt werden.

3.1 Nachdem die einzelnen Warnsignale verdrahtet worden sind, wird an die mit „~" gekennzeichneten Lötstifte auf der Steuerplatine eine Betriebsspannung, die zwischen 12 . . . 24 V (Gleich- oder Wechselspannung) betragen darf, angeschlossen. Bei Anschluß einer Gleichspannung braucht die Polarität nicht beachtet zu werden. Wichtig ist, daß bei Verwendung eines Netzteils dies den VDE-Bestimmungen entsprechen muß.

3.2 Nun werden die Lötstifte, an denen normalerweise die Reedkontakte angeschlossen werden, kurz überbrückt. Gleichzeitig müssen die LEDs blinken. Die Blinkfrequenz wird mit P2 nach den Erfordernissen eingestellt. Die Länge der gesamten Blinkzeit wird mit P1 eingestellt.

Die Reedkontakte werden an beiden Seiten des Bahnübergangs angebracht. Durch diese Art der Montage löst der Zug, gleichgültig ob er von rechts oder links kommt, die Warnsignale aus.

Bei mehrgleisigen Anlagen an einem Bahnübergang werden die Reedkontakte parallel geschaltet.

10-Kanal-LED-Lauflicht

Hier stellen wir Ihnen ein 10-Kanal-LED-Lauflicht mit veränderbarer Laufgeschwindigkeit vor, bei dem die Lauffrequenz mit einem Trimmpoti von schnell bis langsam geregelt werden kann.
Der nachgeschaltete decodierte Dezimalteiler steuert über eine Treiberstufe bis zu 10 LEDs an.
Nacheinander werden die 10 Kanäle durchgesteuert, durch einen Reseteingang kann die Ansteuerung von 2 . . . 10 LEDs programmiert werden. Die Anordnung der LEDs kann nach den Erfordernissen bzw. persönlichen Wünschen erfolgen, z. B. als Kreis oder Kette, mit einfarbigen oder mehrfarbigen LEDs usw.
Sollte die Blinkfrequenz für die gestellten Anforderungen nicht ausreichen, so kann durch Vergrößern von „C1" und „C2" die Laufgeschwindigkeit verlangsamt, bzw. durch Verkleinern von „C1" und „C2" vergrößert werden. Liegt Pin 15 des ICs CD 4017 auf Masse, so erfolgt die Durchsteuerung der gesamten 10 LEDs. Wird z. B. Pin 15 mit Pin 10 verbunden, so erfolgt nur die Ansteuerung bis vier LEDs und wird danach wieder auf 1 zurückgesetzt. Auf diese Weise läßt sich eine Ansteuerung von 2 . . . 10 LEDs programmieren.

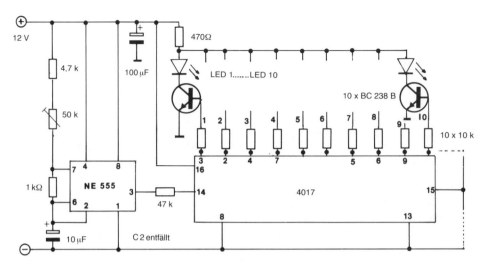

Schaltung des 10-Kanal-LED-Lauflichts

LED-VU-Meter

Dieser NF-Aussteuerungsmesser mit 10 Leuchtdioden zeigt genau an, wie weit Ihr Verstärker ausgesteuert ist. Er kann an den Lautsprecherausgang (4–8 Ω) von beliebigen Verstärkern angeschlossen werden und arbeitet als VU-Meter mit linearer Skala.

Die Schaltung bietet als Besonderheit die Möglichkeit wahlweisen Einsatzes als Punkt- oder Leuchtbandanzeige.

Betriebsspannung: 6–12 V, Stromaufnahme ca. 25 mA, bei Leuchtband ca. 200 mA.
Empfindlichkeit: einstellbar, 0,3 V für LED 1, 1,3 V für LED 10.
Frequenzbereich: ca. 20 Hz–20 KHz, Eingangswiderstand ca. 50 K

54

Funktion und Inbetriebnahme:

Diese monolithisch integrierte Schaltung „LM 3914" enthält eine Referenzspannungsquelle, eine Eingangspufferstufe, einen präzisen Widerstandsteiler und zehn Komparatoren. Diese werden nacheinander leitend, sobald die Spannung zunimmt und liefern eine ausreichende Leistung zur direkten Ansteuerung der LEDs. Das IC benötigt nur wenige externe Bauelemente, nämlich nur die Widerstände R4 und R5, die dazu dienen, die LED-Leuchtintensität, bzw. die Referenzspannung zu bestimmen.

Das NF-Signal wird dem Eingang zugeführt. Mit dem Poti „P1" wird die Anzeige (Empfindlichkeit für Vollaussteuerung) eingestellt. Über Kondensator C1 werden die Gleichstromanteile ausgesiebt. Die Zeitkonstante (Trägheit der Anzeige) wird mit C2 und R2 bestimmt. Dadurch wird ein Mittelwert angezeigt und die zu starken Spannungsspitzen unterdrückt.

Mit „B" (Brücke) können Sie die Art der Anzeige (Leuchtpunkt oder Leuchtband) bestimmen. Wird „B" eingelötet erhalten Sie eine Leuchtbandanzeige (alle LEDs bis zu den max. ausgesteuerten LED leuchten). Wird „B" nicht eingelötet, erhalten Sie eine Leuchtpunkt-Anzeige (nur jeweils die eine max. ausgesteuerte LED leuchtet).

Die Anschlußstifte 1 und 2 (Eingang) werden mit dem Lautsprecher-Ausgang des Verstärkers verbunden. An Anschlußstift „3" wird Minus und an Punkt „4" Plus der Betriebsspannung, die 6 bis 12 V betragen darf, angeschlossen. Um den integrierten Schaltkreis nicht zu zerstören, ist dabei auf richtige Polung zu achten.

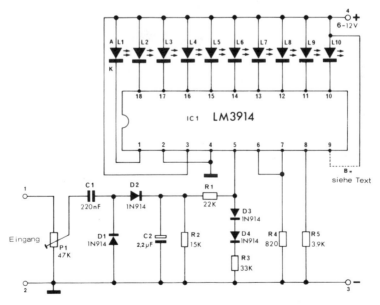

(Bausatz der Fa. Conrad Electronic)

LED-Ansteuerungsanzeigen

Funktionsbeschreibung:

Die Schaltung beinhaltet eine 5-LED-Bandansteuerung mit integrierter Konstant-stromquelle, dessen Strom auf 20 mA fest eingestellt ist. Um Verlustleistung zu sparen und eine gleichbleibende Stromaufnahme zu erreichen, sind die LEDs in Reihe geschaltet.

Die Eingangsspannungsschwellen liegen bei:
IC U 237 B: 0,2 V, 0,4 V, 0,6 V, 0,8 V, 1,0 V
IC U 247 B: 0,1 V, 0,3 V, 0,5 V, 0,7 V, 0,9 V
IC U 257 B: 0,18 V/-15 dB, 0,32 V/-10 dB, 071 V/-3 dB, 1,0 V/0 dB, 1,41 V/ + 3 dB

Abb. 1 zeigt die Schaltung einer Bandskala mit 5 LEDs. Durch Parallelschaltung der Eingänge von einen U 237 B und einem U 247 B ist es möglich, ein Leucht-band von 10 Leuchtdioden mit den Schwellen: 0,1; 0,2; 0,3 . . . 1,0 anzusteuern.
Durch Parallelschaltung der Eingänge von einem U 257 B und einem U 267 B ist es möglich ein Leuchtband um 10 Leuchtdioden mit den Schwellen: −20 dB; −15 dB; −10 dB; + 6 dB anzusteuern. Abb. 2 zeigt die Schaltung eines Leucht-bandes mit 10 LEDs.

Die Betriebsspannung der einzelnen Schaltungen soll ca. 12 . . . 16 V betragen.

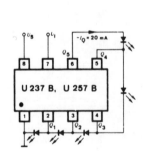

Abb. 1 Bandskala mit 5 LEDs

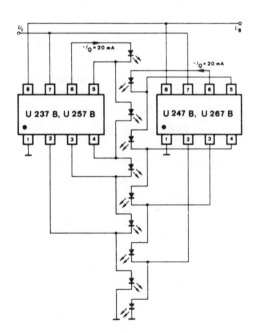

Abb. 2 Bandskala mit 10 LEDs

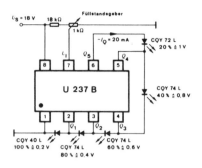

Abb. 3 Füllstandanzeiger mit linearem Geber

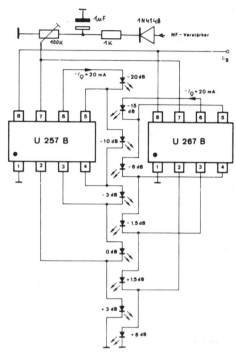

Abb. 5 Logarithmische NF-Aussteuerungsanzeige mit 10 LEDs

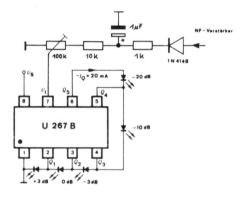

Abb. 4 Logarithmische NF-Aussteuerungsanzeige mit 5 LEDs

LED-Thermometer

Nach Aufbau dieser Schaltung erhalten Sie ein Zimmerthermometer mit LED-Anzeige. Der Temperaturmeßbereich erstreckt sich von 13 bis 28 °C. Pro Grad Celsius leuchtet 1 LED. Das Gerät wird mit 15 roten und 1 grünen LED bestückt. Die grüne Anzeige sollte an der Stelle der Temperatur-Skala eingesetzt werden, an der Sie (die im Sinne der Energiesparmaßnahmen) ausreichende Gradzahl festlegen, z. B. bei 20 °C.

Anschluß und Abgleich
An den beiden Anschlußstiften wird die Betriebsspannung 12–15 V angeschlossen. Mit dem Trimmpoti P1 wird die Spannung am Widerstand R2 auf ca. 6,5 V eingestellt. Bei einer Temperatur von 20,5 °C (Vergleich mit einem guten Thermometer) wird mit P2 eine Spannung am IC-Pin 11 von ca. 2,9 V eingestellt, bzw. so, daß die beiden LED's 7 und 8 bei dieser Temperatur gleichzeitig leuchten. Mit diesem Abgleich ist das Thermometer für den gesamten Bereich geeicht.

57

Stückliste

R1 = 560 Ω grün, blau, braun
R2 = 4,7 kΩ gelb, violett, rot
R3 = 56 kΩ grün, blau, orange
R4 = 4,7 kΩ gelb, violett, rot
R5 = 2,2 kΩ rot, rot, rot
R6 = 3,3 kΩ orange, orange, rot
R7 = 4,7 kΩ gelb, violett, rot
R8 = 1 kΩ braun, schwarz, rot
P1 = 1 kΩ
P2 = 25 kΩ
D1 = ZD–7,5 V
NTC = Heißleiter 100 k
LD1–16 = LED 5 mm ∅
IC1 = UAA 170

Technische Daten:

Betriebsspannung: ca. 12–15 V
Stromaufnahme: ca. 50 mA

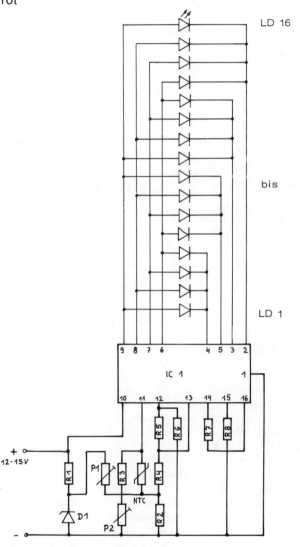

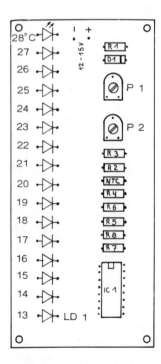

*Anordnung der Bauteile
auf der Platine*

Schaltplan

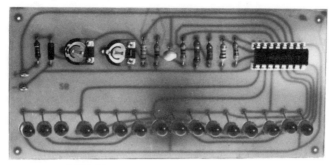

LED-Thermometer 13 °C ... 28 °C

LED-Aussteuerungsanzeige

Dieses LED-VU-Meter läßt sich zur Aussteuerungsanzeige in NF-Anlagen, Tonbandgeräten, Einzelverstärkern und ähnlichen Geräten einsetzen. Zur Anzeige werden 4 grüne für optimale Aussteuerung und eine rote LED für die Übersteuerungsanzeige eingesetzt. Mit den 100-kΩ-Trimmpoti wird der Eingangspegel so eingestellt, daß bei Überschreiten des zulässigen Signalpegels die rote LED aufleuchtet. Der Aussteuerbereich reicht von 36 mV . . . 360 mV.

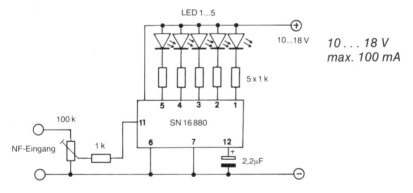

Schaltbild der logarithmischen Aussteuerungsanzeige

Temperaturregler mit TCA 965 (–10 ° bis + 20 °C)

Zur Regelung einer Raum- oder Behältertemperatur wurde diese Schaltung entwickelt. Die jeweiligen Schaltzustände werden durch drei LEDs angezeigt bzw. überwacht. LED ,,2" signalisiert die Unterbrechung des Temperaturfühlers. Die LED ,,1" (rote LED) zeigt eine zu hohe Temperatur an, die LED ,,3", mit der zugleich ein Relais geschaltet wird, signalisiert eine zu niedrige Temperatur.
Mit dem Potentiometer wird die Solltemperatur eingestellt.

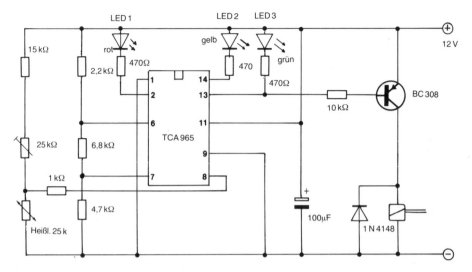

Schaltung des Temperaturreglers

Dreipunkt-Temperatur-Anzeige

Die Überwachung oder Kontrolle für einen bestimmten Temperaturbereich ist mit dieser Schaltung leicht zu realisieren, z. B. läßt sich damit die Raum- oder Behältertemperatur überwachen oder steuern (letzteres bei Verwendung eines entsprechenden Relais). Als Fühler eignet sich ein Heißleiter mit ca. 25 kΩ. Die Signalverstärkung übernimmt der Fensterdiskriminator TCA 965.

Die Solltemperatur wird mit dem Poti P3 eingestellt (gelbe Leuchtdiode), leuchtet und zeigt somit an, daß die Raumtemperatur z. Z. optimal ist. Mit den beiden anderen Potis (P1 und P2) wird die untere und obere Schaltgrenze eingestellt, bei der die rote LED „zu warm" bzw. die grüne LED „zu kalt" aufleuchten soll. Anstelle der LEDs kann – wie bereits erwähnt – ein Relais geschaltet werden, daß entweder die Heizung oder Lüftung in Betrieb setzt.

60

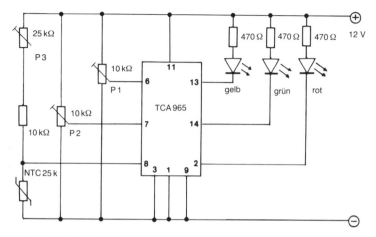

Schaltung einer Dreipunkt-Temperatur-Anzeige

Elektronischer Würfel mit LED-Anzeige

Mit dem IC 7405 sowie 7490 läßt sich auf einfache Weise ein elektronischer Würfel mit 7 LEDs aufbauen. Durch Tastendruck werden die Zählimpulse vom Multivibrator, der mit zwei Invertern aufgebaut wurde, an den Zählereingang Pin 14 des ICs 7490 gelegt. Beim Loslassen des Drucktasters bleibt der Zähler in einer sich zufällig ergebenden Stellung stehen und zeigt das Ergebnis durch aufleuchtende LEDs an. Die Betriebsspannung beträgt 5 V und die Stromaufnahme max. 100 mA. Die LEDs werden in der normalen Würfelanordnung (wie Abb. zeigt) eingebaut.

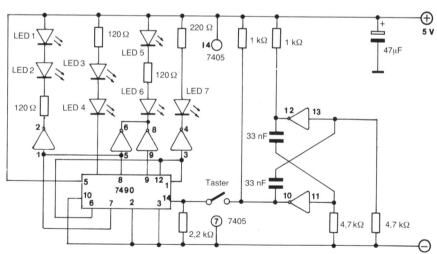

Schaltbild des elektronischen Würfels

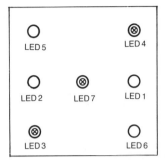

Anordnung der LEDs

Elektronisches Roulett

Nachfolgende Abb. zeigt die Schaltung eines elektronischen Roulettspiels. Drückt man die Taste „TA", so sperrt der Transistor T 1 und der mit dem IC 7413 aufgebaute Oszillator schwingt. Seine frequenzbestimmten Komponenten sind der Widerstand R3 und der Kondensator C2. Nach dem Loslassen des Tasters wird der Transistor noch kurze Zeit im sperrenden Zustand gehalten, womit ein Ausrollen der Kugel nachgeahmt wird. Die LEDs werden im Kreis geordnet.

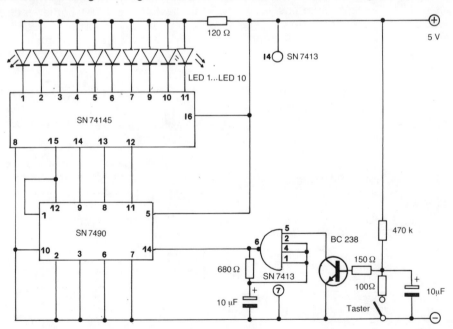

Schaltbild des Rouletts

4. Duo-LEDs
Schaltungen, Anschlußbelegungen und technische Daten

Duo-LEDs zählen zu den interessanten und vielseitigen LEDs. Daß sich mit ihnen eine Vielzahl von Schaltungen realisieren lassen, wird auf den nachfolgenden Seiten gezeigt. So kann man zum Beispiel mit einer einzigen LED drei verschiedene Anzeigezustände darstellen (rot blinkend, grün Dauerlicht, rot und grün abwechselnd blinkend).
Es werden zum Beispiel Schaltungen zur Prüfung der Kfz-Elektrik oder zum Bau von Kfz-Batterieüberwachungs-Anzeigegeräte verschiedenster Art vorgestellt. Unter anderem finden Sie Schaltungen für Anzeigegeräte, die Ihnen Auskunft über den Akku-Ladezustand geben. (,,Laden'', ,,Entladen'' oder ,,Unterspannung'' werden mit einer einzigen LED signalisiert.)

Ferner werden Temperaturüberwachungs-Schaltungen verschiedenster Art sowie technische Daten und Anschlußbelegungen von Duo-LEDs gezeigt.

CQX 21 · V 621 P · V 622 P · V 623 P. Blinkende LED im 5-mm-Gehäuse

Farbe	Typ	Technologie	Abstrahlwinkel α
Rot	**CQX 21**	GaAsP auf GaAsP	80°
Orangerot	**V 621 P**	GaAsP auf GaP	80°
Grün	**V 622 P**	GaP auf GaP	80°
Gelb	**V 623 P**	GaAsP auf GaP	80°

Anwendung: Allgemeine Anzeigezwecke mit Blinkfunktion

Besondere Merkmale:
- Kunststoffgehäuse diffus
- Großer Betrachtungswinkel
- Axiale Anschlüsse
- Eingebauter IC für Blinkfunktion $f \approx 3$ Hz
- Versorgungsspannung $U_S = 5$ V
- Blinkbeginn mit Hellphase

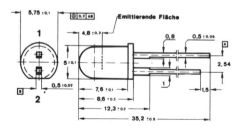

1 = Anode (+)
2 = Kathode (–)

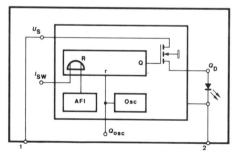

Blockschaltbild

Optische und elektrische Kenngrößen

$U_S = 5$ V, $T_{amb} = 25$ °C, falls nicht anders angegeben

Typ	Lichtstärke I_V in mcd	Wellenlänge der maximalen Emission in nm Typ.	Spektrale Halbwertsbreite in nm Typ.
CQX 21	min. 0,5 typ. 1,6	660	20
V 621 P	min. 2,0 typ. 5,0	630	40
V 622 P	min. 0,8 typ. 2,0	560	40
V 623 P	min. 0,8 typ. 3,0	590	40

		Min.	**Typ.**	**Max.**	
Versorgungsspannungsbereich	U_S	4,75	**5**	7,0	V
Versorgungsstrom	I_{Son}	10		35	mA
	I_{Soff}			2	mA
Blinkfrequenz					
$T_{amb} = 25$ °C	f		1,3	5,2	Hz
$T_{amb} = -40...+70$ °C	f		1,1	7,2	Hz
EIN/AUS-Verhältnis	t_{on}		33...67		%
	$\overline{t_{off}}$				
Max. zulässige Löttemperatur	$t \leq 5$ s		260		°C

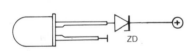

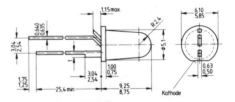

FRL 4403 Blink-LED

Eine Blink-LED läßt sich durch Vorschalten einer Zenerdiode auch für andere Betriebsspannungen einsetzen. Untenstehende Tabelle zeigt die einzelnen Werte der ZD bei verschiedenen Betriebsspannungen.

Technische Daten

Blinkdiode (rotleuchtend)
Betriebsspannung $U_B = 4,75...5,25$ V
Betriebsstrom $I_F = 20$ mA (< 35 mA)
Lichtstärke $I_v = 1,2$ mcd ($> 0,5$ mcd)

U_B Betriebsspannung	Zenerdiode 500 mW
5 V	–
9 V	4,3 V
12 V	6,8 V
15 V	10,0 V
18 V	13,0 V
24 V	18,0 V

Betrieb einer Blink-LED an einer veränderbaren Betriebsspannung

Wird eine Blink-LED an einer sich ändernden Betriebsspannung betrieben, findet die nachfolgende Schaltung ihre Anwendung. Da die Betriebsspannung für diese Blinkdiode 5 V beträgt, muß ein Vorwiderstand sowie eine Zenerdiode verwendet werden, die die Betriebsspannung auf ca. 5 V konstant hält. Der Widerstand R_V begrenzt dabei den Strom, die Zenerdiode die Betriebsspannung.

Schaltbild   Anschlußbild

Schaltbeispiele für Blink-LEDs

Blinkende Ladestromanzeige für Akku-Ladegeräte oder ähnliche Anwendungen. Untenstehende Schaltung zeigt, wie sich mit einer Blink-LED der Ladestrom eines angeschlossenen Akkus anzeigen läßt. Ebenso kann bei anderen Geräten angezeigt werden, ob bei der nachfolgenden Schaltung ein Strom fließt. Die LED blinkt bereits bei einem Stromfluß von 20 mA. Zieht das angeschlossene Gerät mehr Strom als 100 mA, so muß eine größere Diode verwendet werden (z. B. bis 1 A, Typ 1 N 4001, bis 3 A, Typ 1 N 5401).

Die Schaltung läßt sich in all jenen Fällen einsetzen, bei denen diese Stromanzeige erforderlich ist (z. B. ob zu einem bestimmten Gerät ein Strom fließt).

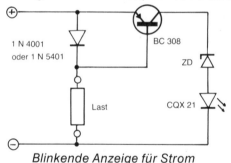

Blinkende Anzeige für Strom

Der Wert der Zenerdiode richtet sich nach der vorhandenen Betriebsspannung, so gelten folgende Werte:

Betriebsspannung	ZD
9 V	4,3 V
12 V	6,8 V
15 V	10,0 V
18 V	13,0 V

Kfz-Bordspannungsüberwachung mit blinkender Anzeige

Diese Schaltung überwacht ständig die Batteriespannung ihres Pkws. Dabei gibt es 3 Aussagezustände der Schaltung.

Nach dem Einschalten der Zündung leuchtet normalerweise die mittlere grüne LED als Zeichen, daß die Batteriespannung in Ordnung ist. Bei Überspannung leuchtet die gelbe LED (das kann bei defektem Regler auftreten) und bei Unterspannung (leere Batterie im Winter oder bei schadhafter Zelle) blinkt eine weitere LED.

Die Schaltung arbeitet mit einem Fensterdiskriminator TCA 965, der bei wenig Schaltungsaufwand eine gute Genauigkeit garantiert. Die Überwachungsbereiche sind unabhängig voneinander einstellbar.

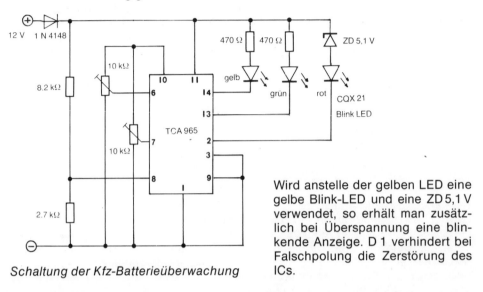

Schaltung der Kfz-Batterieüberwachung

Wird anstelle der gelben LED eine gelbe Blink-LED und eine ZD 5,1 V verwendet, so erhält man zusätzlich bei Überspannung eine blinkende Anzeige. D 1 verhindert bei Falschpolung die Zerstörung des ICs.

Batteriespannungsanzeige, bei Unterspannung blinkend

Mit der nachfolgend aufgeführten Schaltung läßt sich eine einfache Batterie-spannungs-Überwachung mit blinkender Anzeige bei Unterspannung aufbauen. Mit dem Trimmpoti wird der Schaltpunkt eingestellt, bei dem die LED die Unterspannung durch Blinken signalisiert. Bei noch ausreichender Batteriespannung leuchtet die grüne LED.

Diese Schaltung läßt sich durch den großen Spannungsbereich, der sich von ca. 4,5 V...25 V erstreckt, universell einsetzen, z. B. im Kraftfahrzeug, in Funkgeräten oder sonstigen Geräten, die immer volle Batterie aufweisen müssen.

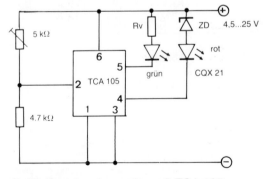

Der Vorwiderstand (RV) errechnet sich aus:

$$R_V = \frac{\text{Betriebsspannung} - 1,6}{0,015} =$$

Widerstand in Ω

Batteriezustandsanzeige mit TCA 105

Batteriespannungsanzeige mit Duo-LEDs

Da sich mit Duo-LEDs (Einzel-LEDs mit mehreren Funktionen und Farben) Interessantes erstellen läßt, werden nachfolgend noch einige Schaltbeispiele mit Duo-LEDs der vorhergehenden Schaltung gezeigt. Hier wird z. B. der Batteriezustand mit einer LED signalisiert. LED leuchtet rot: Unterspannung, LED leuchtet grün: Spannung o. k.

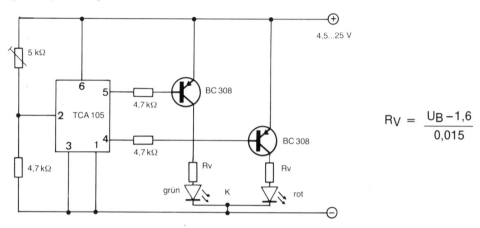

$$R_V = \frac{U_B - 1,6}{0,015}$$

Schaltung mit der Duo-LED CQX 95

Batteriespannungsanzeige mit der Duo-LED V 628 P

Diese Schaltung funktioniert ähnlich wie die beiden zuvor beschriebenen, jedoch ist diese mit der Duo-LED V 628 P aufgebaut. Bei dieser Variante blinkt z. B. die LED rot bei Unterspannung oder signalisiert durch grünes Dauerleuchten, daß die Akkuspannung noch ausreicht.

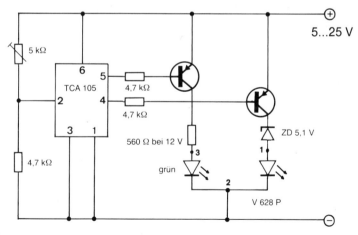

Schaltung mit der Duo-LED V 628 P

CQX 22 Blink-LED mit abschaltbarer Blinkfunktion

Rotleuchtend – GaAsP auf GaAs
Anwendung: Allgemeine Anzeigezwecke mit Blinkfunktion

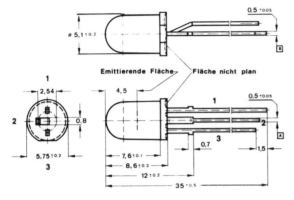

Besondere Merkmale:
- Eingebauter IC
  für Blinkfunktion $f \approx 3$ Hz
- Versorgungsspannung
  $U_S = 5$ V
- Blinkbeginn mit Hellphase
- Blinkfunktion abschaltbar

Abstrahlwinkel $\alpha = 80°$

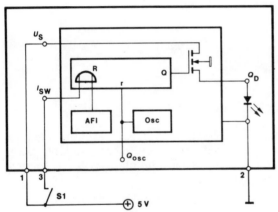

„S" offen = Blinklicht
„S" geschlossen = Dauer-
licht

1 = +(5 V)
langer Anschluß (blinkend)
2 = (−)
mittlerer Anschluß
3 = Dauerlicht,
kurzer Anschluß

Blockschaltung und Anschlußbelegung

Optische und elektrische Kenngrößen $U_S = 5$ V, $T_{amb} = 25$ °C, falls nicht anders angegeben			Min.	Typ.	Max.	
Lichtstärke		I_V	0,5	1,6		mcd
Wellenlänge der maximalen Emission		λ_p		660		nm
Spektrale Halbwertsbreite		$\Delta\lambda$		20		nm
Versorgungsbereich	Pin 1	U_S	4,75	**5 V**	7,0	V
Versorgungsstrom	Pin 1	I_{Son}	10		35	mA
		I_{Soff}			2	mA
Blinkfrequenz $T_{amb} = 25$ °C		f	1,3		5,2	Hz
$T_{amb} = -40...+70$ °C		f	1,1		7,2	Hz
EIN/AUS-Verhältnis		$\dfrac{t_{on}}{t_{off}}$		33...67		%
Steuerstrom $U_{SW} = 5$ V	Pin 3	I_{SW}	10	25	50	μA

Anwendungsbeispiele mit Blink-LEDs

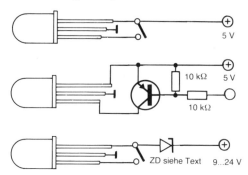

„S" offen = Blinklicht
„S" geschlossen = Dauerlicht

Umschaltung erfolgt mit mechanischem Schalter

Diese Schaltungsvariante zeigt die Umschaltung von Blink- auf Dauerlicht mit einem Transistor z. B. BC 308 o.ä. Wird der Widerstand R 1 auf Minus gelegt, so steuert Transistor T 1 durch und die LED zeigt Dauerlicht.

Bei Verwendung einer höheren Spannung als 5 V muß eine Zenerdiode vorgeschaltet werden. Danach läßt sich die LED auch an anderen Spannungen betreiben. Die einzelnen ZD-Werte für die verschiedenen Spannungen zeigt die Tabelle.

vorh. Betriebs-spannung	erforderliche ZD
9 V	3,9 V
12 V	7,5 V
15 V	10,0 V
18 V	13,0 V
24 V	19,0 V

Einschaltverzögerung mit optischer Anzeige

Diese Schaltung läßt sich ideal als Zusatz für Alarmanlagen einsetzen, bei denen z. B. eine Einschalt-Anzeige sowie eine Scharf-Anzeige erwünscht ist. Mit dem Schalter wird die Verzögerung eingeschaltet, die LED blinkt (die Verzögerung ist mit dem 500-kOhm-Poti einstellbar). Nachdem die Zeit abgelaufen ist, schaltet der Transistor durch und somit z. B. eine Alarmanlage oder sonstiges Gerät ein. Dieser Betriebszustand wird durch Dauerleuchten der LED angezeigt.

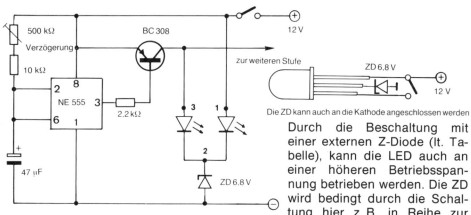

Ein / Scharf, signalisiert mit der LED CQX 22

Die ZD kann auch an die Kathode angeschlossen werden

Durch die Beschaltung mit einer externen Z-Diode (lt. Tabelle), kann die LED auch an einer höheren Betriebsspannung betrieben werden. Die ZD wird bedingt durch die Schaltung hier z. B. in Reihe zur Kathode geschaltet.

69

QX 95. Orangerot oder grün leuchtende Lumineszenzdioden (GaAsP und GaP)

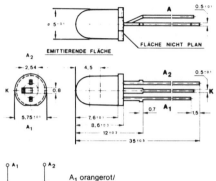

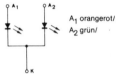

Anwendung:
Allgemeine Anzeigezwecke
Besondere Merkmale:
- Kunststoffgehäuse ∅ 5 mm weiß, diffus
- Großer Betrachtungswinkel
- Axiale Anschlüsse
- Höhere Lebensdauererwartung als Glühlampen
- Erschütterungsunempfindlich
- TTL-kompatibel
- Farbmischung durch getrennte Anodenanschlüsse möglich

A_1 orangerot/
A_2 grün/

Optische und elektrische Kenngrößen $t_{amb} = 25\,°C$		Min.	Typ.	Max.	
Lichtstärke $I_F = 20\,mA$	I_V	2	6		mcd
Wellenlänge der maximalen Emission					
orangerot λ_p			630		nm
grün λ_p			560		nm
Spektrale Halbwertsbreite					
Durchlaßspannung $I_F = 20\,mA$					
orangerot U_F			2,2	3,0	V
grün U_F			2,7	3,2	V
Durchbruchspannung $I_R = 100\,\mu A$	$U_{(BR)}$	5			V

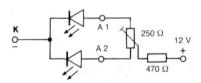

Abbildung zeigt die Schaltung zur stufenlosen Farbmischung rot, gelb, grün

Je nach Kontaktbelegung leuchtet die LED rot oder grün, z. B. wenn mit einer LED zwei verschiedene Schaltzustände angezeigt werden sollen.

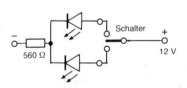

Der Widerstand „Rv" kann wahlweise an die Anode oder an die Kathode angeschlossen werden.

Die wichtigsten Vorwiderstände für die einzelnen Betriebsspannungen

5 V	180 Ω	15 V	680 Ω
6 V	270 Ω	18 V	1 kΩ
9 V	390 Ω	24 V	1,5 kΩ
12 V	560 Ω		

Wechselblinker mit einer Duo-LED

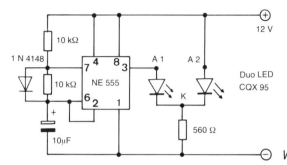

Mit wenigen Bauteilen läßt sich eine Duo-LED zu einer Wechselblink-LED (rot/grün blinkend) realisieren.

Wechselblinker rot/grün blinkend

Logiktester mit einer Duo-LED CQX 95

Dieser Prüfstift läßt sich zur Spannungsanzeige für Kraftfahrzeuge sowie zur Anzeige der Logikzustände in der Digitaltechnik einsetzen. Die einzelnen Logikzustände werden durch eine zweifarbige LED (rot/grün) signalisiert. Liegt der Eingang auf „minus" bzw. Log „0", so leuchtet die LED grün. Liegt dagegen der Eingang auf Log „1" oder „plus", so leuchtet die LED rot. Bei offenem Eingang wird nichts angezeigt. Die Schaltung selbst sollte in ein handelsübliches Tastkopfgehäuse mit Prüfspitze eingebaut werden. Die Betriebsspannung für die Schaltung wird über zwei Krokodil-Klemmen zugeführt; sie wird der jeweils zu testenden Schaltung entnommen.

Durch den hohen Eingangswiderstand wird die zu prüfende Schaltung kaum belastet. Die Ansteuerung der LED erfolgt durch Transistor T 1 oder T 2, je nachdem, ob der Eingang am IC „Low" oder „High" bzw. auf „ + " oder „–" liegt.

Am Kfz kann somit z. B. untersucht werden, ob bestimmte Teile Spannung führen, ob diese auf Masse liegen oder ob eine Unterbrechung vorliegt. Ebenso läßt sich dieser Tester in der Digitaltechnik zur Überprüfung der Logikzustände einsetzen.

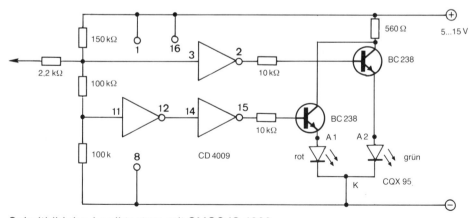

Schaltbild des Logiktesters mit CMOS IC 4009

Dreifach-Temperatur-Anzeige mit der LED CQX 95

Temperaturüberwachung mit drei Anzeigezuständen, z. B. für Raumtemperatur-überwachung (Temperatur normal: LED leuchtet gelb, Temperatur zu hoch: LED leuchtet rot, Temperatur zu niedrig: LED leuchtet grün) mit einer einzigen LED des Typs CQX 95.

Als Temperaturfühler eignet sich ein NTC-Widerstand (Heißleiter) mit ca. 25 kOhm. Die Signalverstärkung übernimmt der Fensterdiskriminator TCA 965. Die Solltemperatur wird mit dem Trimmpoti P 3 eingestellt. (LED leuchtet dabei gelb) und zeigt somit an, daß die Raumtemperatur z. Zt. optimal ist. Mit den beiden anderen Trimmpotis wird die Schalthysterese der Über- und Untertemperatur-anzeige eingestellt.

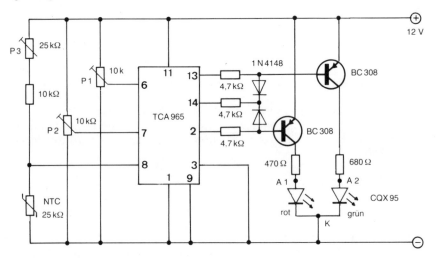

Dreifach-Temperatur-Anzeige mit einer LED

Dreifach-Batterie-Ladezustands-Anzeige mit einer LED

Diese Schaltungsart wurde bereits des öfteren in diesem Buch vorgestellt und unterscheidet sich nur durch die Auswertung der LED-Anzeige.

Da sich mit Duo-LEDs eine Menge verschiedener Schaltungs- und Anzeige-varianten ermöglichen läßt, soll die nachfolgende Schaltung nicht vorenthalten werden.

Zur Anzeigeauswertung gelangt hier die LED des Typs CQX 95. Leuchtet z. B. die LED rot, so signalisiert diese eine zu niedrige Akkuspannung. Zeigt dagegen die LED grünes Licht, so ist die Akkuspannung in Ordnung. Überspannung wird durch gelbes Leuchten der LED signalisiert.

Das genaue Einstellen der Schaltung ist im Kapitel „Standard-LEDs" beschrieben.

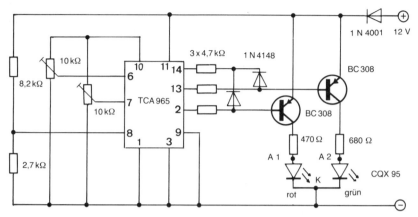

Dreifach-Batterie-Ladezustands-Anzeige

MV 5491 Duo-LED

Diese LED ändert ihre Farbe durch Umpolen der Betriebsspannung und leuchtet je nach Polung rot oder grün.

Die Durchlaßspannung beträgt für rot 1,65 V und für grün 2,2 V.
Der Durchlaßstrom sollte bei ca. 20 mA liegen.

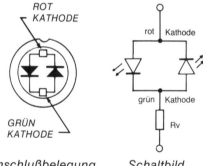

Anschlußbelegung   *Schaltbild*

V 518 P (LD 110)

Symbol LED zweifarbig – 2,5 × 5 mm ▯   Orangerot – GaAsP auf GaP
                                          Grün – GaP auf GaP

Anwendung: Allgemeine Anzeigezwecke

Besondere Merkmale:

● Gleichmäßige Ausleuchtung der Abstrahlfläche ● Großer Betrachtungswinkel ● Hohe Lichtausbeute durch eingebauten Reflektor ● Sehr geringes Überstrahlen bei Zeilenanwendung ● Abstrahlfläche als Sichtfläche in Frontplatten geeignet ● Farbmischung durch getrennte Anodenanschlüsse möglich

73

V 518

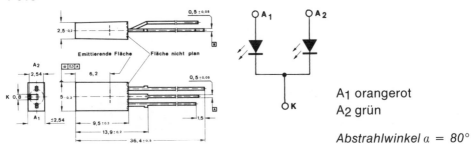

A1 orangerot
A2 grün

Abstrahlwinkel α = 80°

Optische und elektrische Kenngrößen		Typ. Werte
Lichtstärke (I_F = 20 mA)		2 mcd
Wellenlänge der max. Emission	Orangerot	630 nm
	Grün	560 nm
Durchlaßspannung (I_F = 20 mA)	Orangerot	2,2 V
	Grün	2,4 V
Durchbruchspannung (I_R = 100 μA)		5 V

Schaltbeispiele

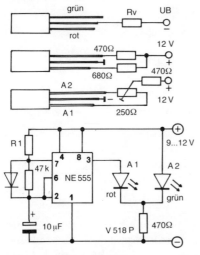

Je nach Kontaktbelegungen (A2, A1) leuchtet die LED rot oder grün.

Wird die LED mit zwei Widerständen (wie angegeben) beschaltet, so leuchtet diese gelb.

Verwendet man anstelle der zwei Widerstände ein Trimmpoti, so ist die Emissionsfarbe stufenlos von rot, orange, gelb bis grün einstellbar

LED blinkt abwechselnd rot und grün

Wechselblinkerschaltung rot/gelb blinkend

Durch Änderung des Elkos (verkleinern oder vergrößern) kann die Blinkfrequenz geändert werden. Durch die zusätzliche Beschaltung mit der Diode, ist die Impulspause genau so groß wie die Impulsdauer. Während der Aufladung des Kondensators C ist nur der Widerstand R_1 wirksam, R_2 ist während des Auflade-vorgangs durch die Diode überbrückt.

74

V 619 P LED zweifarbig im 5-mm-Gehäuse

Orangerot – GaAsP auf GaP, Gelb – GaAsP auf GaP
Anwendung: Allgemeine Anzeigezwecke, durch getrennte Anodenanschlüsse ist
eine Farbmischung möglich.

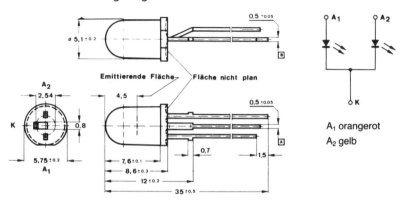

A₁ orangerot
A₂ gelb

Optische und elektrische Kenngrößen	Typ. Werte	
Lichtstärke (I_F = 20 mA)		6 mcd
Wellenlänge der maximalen Emission (I_F = 20 mA)	Orangerot	630 nm
	Gelb	580 nm
Durchlaßspannung (I_F = 20 mA)	Orangerot U_F	2,2 V
	Gelb U_F	2,4 V
Durchbruchspannung (I_R = 100 μA)	U_{BR} Min.	5 V

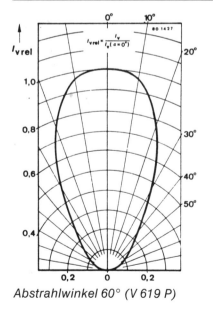

Abstrahlwinkel 60° (V 619 P)

Beschaltung der LED

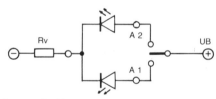

Je nach Kontaktbelegungen leuchtet diese LED rot oder gelb.

Die wichtigsten Vorwiderstände R_V

5 V	180 Ω
6 V	220 Ω
9 V	330 Ω
12 V	470 Ω
15 V	680 Ω
18 V	1 kΩ
24 V	1,5 kΩ

V 628 P Blinkende zweifarbige LED – 5-mm-Gehäuse

Blinkend – Orangerot – GaAsP auf GaP, Dauerleuchtend – Grün – GaP auf GaP

Anwendung: Doppelfunktionsanzeige mit Blinkfunktion bzw. Dauerlicht.

Besondere Merkmale:
● Eingebauter IC für Blinkfunktion $f \approx 3Hz$ ● Versorgungsspannung $U_S = 5$ V (Pin 1) ● Blinkbeginn mit Hellphase ● Dauerlicht-LED mit getrenntem Anschluß.

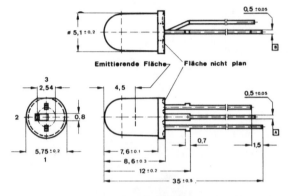

Abstrahlwinkel $\alpha = 80°$

Anschlußbelegung:

Pin 1 (langer Anschluß) +5 V Betriebsspannung, rot blinkend
Pin 2 (mittlerer Anschluß) Minus (Kathode)
Pin 3 (kurzer Anschluß) grünes Dauerlicht, Vorwiderstand lt. Tabelle verwenden.

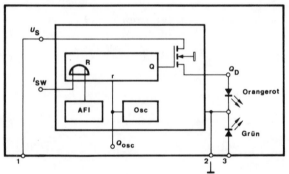

Blockschaltbild und Anschlußbelegung

Technische Daten:
Optische und elektrische Kenngrößen
$U_S = 5$ V, $I_F = 20$ mA, $T_{amb} = 25$ °C, falls nicht anders angegeben

			Min.	Typ.	Max.	
Lichtstärke	orangerot	I_V	1,3	6		mcd
	grün	I_V	1,3	6		mcd
Wellenlänge der maximalen Emission	orangerot	λ_p		630		nm
	grün	λ_p		560		nm
Durchlaßspannung	Pin 3 **grün**	U_F		**2,4**	3,0	V
Durchbruchspannung ($I_R = 100\,\mu A$)	Pin 3	$U_{(BR)}$	5			V
Versorgungsspannungsbereich	**Pin 1**	U_S	4,75	**5,0**	7,0	V
Versorgungsstrom	Pin 1	I_{Son}	10		35	mA
		I_{Soff}			2	mA

V 628 P		Min.	Typ.	Max.	
Blinkfrequenz T_{amb} = 25°C	f		1,3	5,2	Hz
T_{amb} = –40...+ 70 °C	f		1,1	7,2	Hz
EIN/AUS-Verhältnis	$\frac{t_{on}}{t_{off}}$		33	67	%

An Pin 3 der LED darf niemals eine Spannung ohne entsprechenden Vorwiderstand (je nach der vorhandenen Betriebsspannung) angeschlossen werden. Wird an Pin 1 eine höhere Betriebsspannung als 5 V angelegt, so muß diese durch eine Zenerdiode (500 mW Typ) auf 5 V reduziert werden (siehe Tabelle).

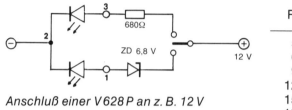

Anschluß einer V 628 P an z. B. 12 V

R_V für Pin 3		ZD für Pin 1
5 V	270 Ω	–
6 V	330 Ω	1 V
9 V	390 Ω	3,9 V
12 V	560 Ω	6,8 V
15 V	680 Ω	10 V
18 V	1 kΩ	13 V
24 V	1,2 kΩ	19 V

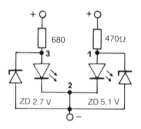

Wird die LED an einer variablen Betriebsspannung, z. B. an 8...18 V betrieben, so ist zur Spannungsbegrenzung jeweils eine ZD von 2,7 V (an Pin 3) und eine ZD von 5,1 V (an Pin 1) parallel zur LED zu schalten (siehe Abb.).

*Schaltbild zum Anschluß
einer variablen Betriebsspannung*

Diese LED **V 628 P** läßt sich sehr vielseitig einsetzen, in den folgenden Schaltungen sind dazu einige Anwendungsbeispiele angegeben.

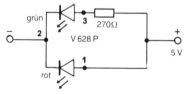

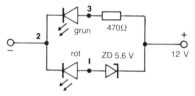

Abb. 1 *zeigt die Schaltung eines Wechselblinkers mit einer abwechselnd rot/grün-blinkenden Anzeige für 5 V Betriebsspannung.*

Abb. 2 *zeigt Schaltung ähnlich Abb. 1, jedoch ist diese für 12 V Betriebsspannung ausgelegt.*

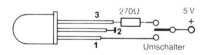

Abb. 3 *Einfache Schaltung für umschaltbare Funktion von grünem Dauerlicht auf rot blinkend (Schalter auf Pin 1).*

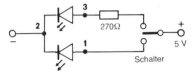

Anschluß an 5 V Betriebsspannung

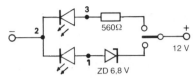

Anschluß an 12 V Betriebsspannung

Abb. 4 *zeigt das elektrische Schaltbild für Abb. 3*

Eine Blink-LED erkennt man außerdem am schwarzen Chip (Blink-IC) im inneren der LED.

Lade- und Entladestromanzeige mit der Duo-LED V 628 P

Eine interessante Schaltung wird nachfolgend gezeigt. Mit einer Duo-LED wird z. B. durch grünes Dauerlicht oder durch rotes Blinklicht signalisiert, daß der angeschlossene Akku geladen (gepuffert) oder dem Akku Strom entnommen wird.

Die Zusatzschaltung (linker Teil) zeigt z. B. die Notstromversorgung einer Alarmanlage. Bei Stromausfall übernimmt der eingebaute Akku die Stromversorgung der gesamten Schaltung. Der Widerstand soll so bemessen werden, daß ein Ladeerhaltungsstrom von ca. 20 % des Normalladestroms fließt. Bei einem 12-V-Akku und einer Stromversorgung von 15 V beträgt z. B. R_V 180 Ω. Damit bei Stromausfall die volle Akkuspannung zur Verfügung steht, wird R_V (sobald Strom dem Akku entnommen wird) durch die Diode D 1 überbrückt.

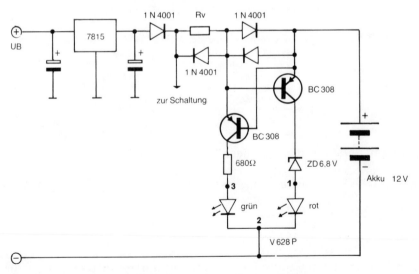

Schaltbild einer Lade- und Entladeanzeige mit einer LED.

78

Dreifach-Batterie-Zustandsanzeige mit der LED V 628 P

Die nachfolgende Abbildung zeigt die Schaltung für eine Dreifachanzeige. Wird z. B. der angeschlossene Akku geladen, so leuchtet die LED grün, wird dem Akku Strom entnommen, blinkt die LED rot. Sinkt die Akkuspannung unter einem mit P 1 einstellbaren Wert infolge zu langer Stromentnahme aus dem Akku, so blinkt die LED abwechselnd rot und grün. Dies läßt sich mit einer LED realisieren.

Wird dem Akku ein größerer Strom als 1 A entnommen, so muß D 2 gegen eine Diode mit höherer Strombelastbarkeit (z. B. 1 N 5401 ist bis 3 A geeignet) ausgetauscht werden.

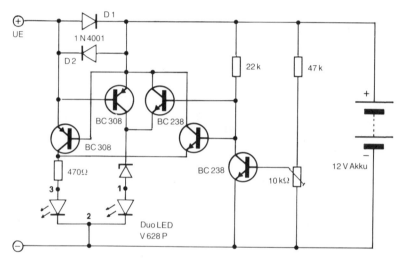

Schaltbild einer Dreifach-Batterie-Zustands-Anzeige

Dreifach-Temperaturanzeige mit der LED V 628

Die nachfolgende Schaltung funktioniert ähnlich wie jene mit der LED CQX 95.

Der Unterschied besteht darin, daß bei Übertemperatur die LED rot blinkt, bei optimaler Raumtemperatur die LED grün leuchtet und bei Untertemperatur die LED abwechselnd rot/grün blinkt.

Der obere Ansprechpunkt wird mit P 2 und der untere Ansprechpunkt wird mit P 1 eingestellt.

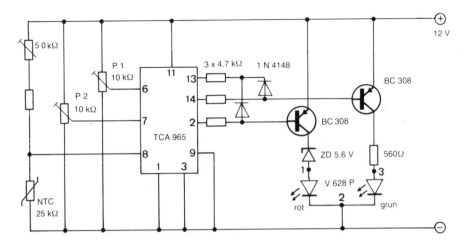

Dreifach-Temperaturanzeige mit der Duo-LED V 628 P

Dreifach-Batterie-Ladezustandsanzeige mit einer LED

Hier wird eine Schaltung, die bereits öfter in diesem Buch angewandt wurde, mit einer Duo-LED V 628 vorgestellt. Die Batterie-Zustandsauswertung erfolgt hier mit einer LED. Blinkt z. B. die LED rot, so ist die Batteriespannung zu niedrig. Zeigt dagegen die LED grünes Dauerlicht, so ist die Akkuspannung in Ordnung. Blinkt die LED abwechselnd rot/grün, so herrscht eine Überspannung, die infolge eines defekten Lichtmaschinenreglers auftreten kann.

Die Einstellung der Schaltung ist im Kapitel „Standard-LEDs" beschrieben.

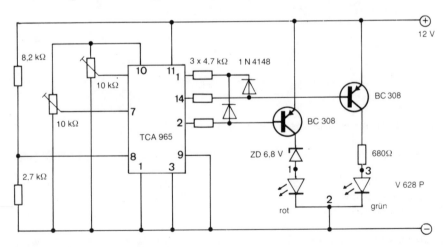

Schaltung der Kfz-Batterieanzeige

5. IR-Elemente für den Bereich der sicht- baren und nahen infraroten Strahlung

Infrarot-Lumineszenzdioden (IRED)

IR-Lumineszenzdioden („IR" ist die Abkürzung für Infrarot) basieren auf GaAs, dessen Bandabstand bei 1,43 eV liegt, was einer Emission bei ca. 900 nm entspricht.

Aufgrund der Siliziumdotierung liegt die Emission bei 950 nm und damit soweit unterhalb der Bandkante, das die erzeugte Strahlung im Diodenkörper nur wenig absorbiert wird. Ein Teil der Strahlung verläßt den Diodenkörper auf direktem Weg durch die nahe Oberfläche. Ebenso ist die in Richtung Substrat emittierte Strahlung nutzbar. Dazu wird die Rückseite des Dioden-Körpers verspiegelt und dient als Reflexionsfläche.

GaAs-IRED sind in Plastikgehäusen oder in hermetischen dichten Glas-Metall-Gehäusen montiert.

Entscheidend für den Anwender ist die Abstrahlcharakteristik. Verwendet man z. B. die IR-LEDs in Anordnung ohne optische Linsen, wie z. B. in einem Loch-streifenlesekopf, so soll der Öffnungswinkel der Strahlung klein sein.

Wellenlängen von IR-Dioden		GaAs:	Zn ca. 910 nm	
GaAlAS:	Zn 800...900 nm	GaAs:	Si ca. 950 nm	

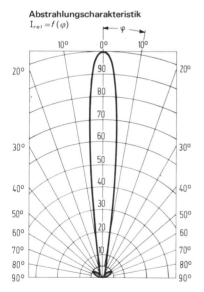

Abstrahlcharakteristik einer CQX 77/SFH 400 von Siemens

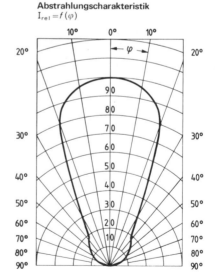

LD 271 von Siemens

Handelsübliche GaAs: Si-Dioden erreichen einen Leistungswirkungsgrad von ca. 10...15 %; d. h. 10–15 % der in die Diode hineingesteckte Leistung verlassen die Diode in Form von Strahlung.

Optoelektronische Sender wandeln elektrische Energie um in elektromagnetische Strahlung, während optoelektronische Empfänger elektromagnetische Strahlung in elektrische Energie oder elektrische Signale zurückwandeln.

Bei Sendedioden für IR-Strahlung wird auf eine möglichst große Lichtstärke Wert gelegt. Man findet deshalb meist Dioden mit ausgeprägter Richtcharakteristik. Um bei der Signalübertragung Störungen möglichst zu unterdrücken, werden die Sendedioden mit Frequenzen im Bereich von 10...100 kHz moduliert.

Durch die Anordnung von infrarotdurchlässigen Filtern vor den Empfängerdioden, können Störungen noch weiter verringert werden. Rauch und Staub läßt IR-Strahlen im Gegensatz zu normalem Licht fast ungeschwächt durch.

In Verbindung mit optischen Linsensystemen bevorzugt man Bauformen, bei denen die Strahlung durch ein Planfenster austritt.

Der Einsatz IR-LEDs erstreckt sich von Lichtschranken, Lochkartenlesern, IR-Fernsteuerungen und IR-Entfernungsmessung, IR-Tonübertragung, Fernbedienung von Garagentoren, Maschinen, Beleuchtungseinrichtungen, (Dämmerungsschalter), Markisensteuerung u. ä.

IR-Sendedioden erkennt man meist an dem eingefärbten Gehäuse, das zum einen hellblau, zum anderen rauchfarben sein kann.

Fototransistoren

Im Prinzip entspricht ein Fototransistor einer Fotodiode (Kollektor-Basis-Diode) mit nachgeschaltetem Transistor als Verstärker. Der an der Kollektor-Basis-Diode erzeugte Fotostrom wird um den Stromverstärkungsfaktor des Transistors erhöht.

Die Verstärkung (β) von Fototransistoren liegt im allgemeinen zwischen 100 bis 1000, so daß bei vielen Anwendungen eine nachfolgende empfindliche Verstärkerstufe eingespart werden kann. Wird Wert auf ein besonders großes Ausgangssignal gelegt, so empfiehlt sich die Verwendung eines Foto-Darlington-Transistors (mit zwei inneren Verstärkerstufen in Darlingtonschaltung).

Schaltbild eines   *Schaltbild einer*   *Fotoelement*
Fototransistors   *Fotodiode*

Fotodioden

Fotodioden lassen sich durch die Wahl der Betriebsweise, ob im Diodenbetrieb mit Vorspannung oder im Elementbetrieb ohne Vorspannung, optimal dem jeweiligen Verwendungszweck anpassen. Diese Dioden finden häufig dort Anwendung, wo es weniger auf hohe Geschwindigkeiten als auf niedrige Dunkelströme ankommt. So findet man u. a. Si-PN-Dioden in Belichtungsmessern, die noch bei Sternenlicht einwandfrei arbeiten.

BPW 16 N, BPW 17 N Silizium-NPN-Fototransistoren

Anwendung: Empfänger in elektronischen Steuer- und Regeleinrichtungen. Besondere Merkmale: Miniatur-Kunststoffgehäuse weiß klar; großer Öffnungswinkel **(80°)** bei **BPW 16 N;** kleiner Öffnungswinkel **(25°)** bei **BPW 17 N** daher unempfindlich gegen Streulicht; geeignet für den Bereich der sichtbaren und der nahen infraroten Strahlung.

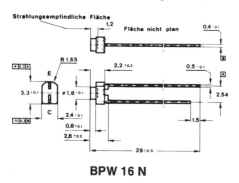
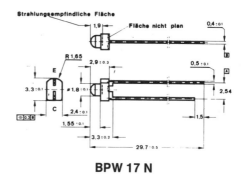

BPW 16 N   **BPW 17 N**

Technische Daten:

		Typ-Werte
Kollektor-Dunkelstrom (U_{CE} = 20 V, E = 0)		10 nA
Kollektor-Hellstrom (U_{CE} = 5 V, E_A = 1 klx)	**BPW 16 N**	0,4 mA
	BPW 17 N	3 mA
Wellenlänge der max. Empfindlichkeit		780 nm
Bereich der spektralen Empfindlichkeit (50 %)		520...950 nm
Kollektor-Emitter-Durchbruchspannung (I_C = 1 mA)		32 V
Grenzfrequenz (I_C = 5 mA, U_S = 5 V, R_L = 100 Ω)		170 kHz

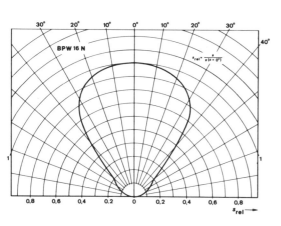

Öffnungswinkel BPW 16 N

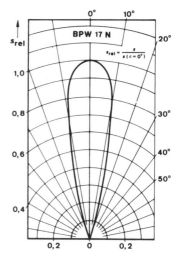

Öffnungswinkel BPW 17 N

83

BPW 34 Silizium-Foto-PIN-Diode

Anwendung: Schneller Fotodetektor ● Strahlungsempfindliche Fläche A = 7,5 mm² ● Öffnungswinkel = 120° ● Für den Bereich der sichtbaren und der nahen infraroten Strahlung geeignet.

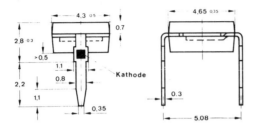 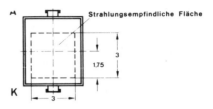

Öffnungswinkel α = 120°

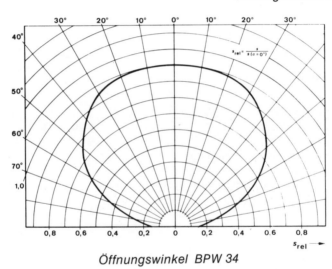

Öffnungswinkel BPW 34

BPW 34 Optische und elektrische Kenngrößen	Typ-Werte	
Fotoelementbetrieb		
Leerlaufspannung bei E_A = 1 klx	U_o	400 mV
Kurzschlußstrom		
E_e = 1 mW/cm², R_l = 100 Ohm	I_k	47 μA
E_A = 1 klx, RL 100 Ohm	I_k	80 μA
Fotodiodenbetrieb		
Durchbruchspannung bei I_R = 100 μA, E = 0	U_{BR}	32 V
Dunkelsperrstrom bei U_R = 10 V, E = 0	Iro	2 nA
Hellsperrstrom bei U_R = 5 V, E_A = 1 klx	Ira	85 μA
Fotoelement- und Fotodiodenbetrieb		
Wellenlänge der max. Empfindlichkeit		900 nm
Verlustleistung	P_V	150 mW

BPW 40 Silizium-NPN-Epitaxial-Planar-Fototransistor

Anwendung: Empfänger in elektronischen Steuer- und Regeleinrichtungen

Besondere Merkmale:
● Kunststoffgehäuse ⌀ 5 mm ● Für die Bereiche der sichtbaren und nahen infraroten Strahlung geeignet ● Hohe Fotoempfindlichkeit ● Großer Öffnungswinkel

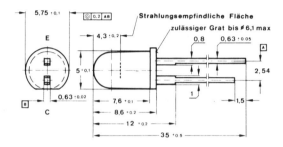

Öffnungswinkel α = 40 °

Optische und elektrische Kenngrößen		Typ Wert		
Kollektor-Dunkelstrom ($U_{CE} = 20$ V, $E = 0$)	I_{CEO}	10		nA
Kollektor-Hellstrom ($U_{CE} = 5$ V, $E_A = 1$ klx)	I_{ca}	6		mA
Wellenlänge der maximalen Empfindlichkeit		780		nm
Bereich der spektralen Empfindlichkeit (50 %)		520...950		nm
Kollektor-Emitter-Durchbruchspannung ($I_C = 1$ mA)	$U_{(BR)CEO}$	32 V		V
Kollektor-Emitter-Sättigungsspannung ($I_C = 1$ mA, $E_e = 1$ mW/cm², $\lambda_p = 950$ nm)	U_{CEsat}		0,3	V
Grenzfrequenz ($U_S = 5$ V, $I_C = 5$ mA, $R_L = 100$ Ω)	f_g	170		kHz

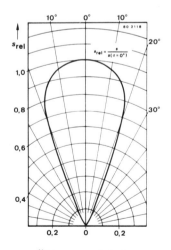

Öffnungswinkel

85

Silizium-Fotoelemente

BPY 11 P; BP 100 P Fotoelement

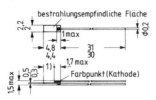

Bestrahlungsempf. Fläche: 7 mm²
Fotempfindlichkeit: 25 nA/lx
Leerlaufspannung: E_V 1000 I_X, 300 mV
Wellenlänge der max.
Fotoempfindlichkeit: 850 nm

BPY 47 P Fotoelement

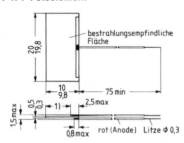

Fotoempfindlichkeit (Kurzschlußstrom): 1,4 μA
Bestrahlungsempf. Fläche: 1,8 cm²
Leerlaufspannung: E_V 1000 I_X = 300 mV

BPY 63 P Fotoelement

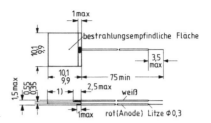

Fotoempfindlichkeit (Kurzschlußstrom): 0,7 μA I_X
Bestrahlungsempf. Fläche: 0,9 cm²
Leerlaufspannung: E_V 1000 I_X = 300 mV

BPY 64 P Fotoelement

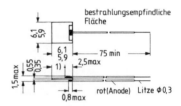

Fotoempfindlichkeit
(Kurzschlußstrom): 0,25 μA/I_X
Bestrahlungsempf. Fläche: ca. 0,32 cm²
Leerlaufspannung: E_V 1000 I_X = 300 mV

Fotodioden

BP 104 Fotodiode

Sperrspannung: U_R = 20 V
Fotoempfindlichkeit (U_R = 5 V): 40 μA
Dunkelstrom (U_R = 10 V): I_R = 2 nA
Öffnungswinkel: 120 °

BPW 24 Fotodiode

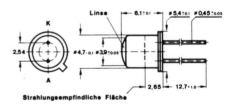

Durchbruchspannung: $U_{(BR)}$ 80 V
Dunkelsperrstrom (U_R = 20 V): 1 nA
Hellsperrstrom (U_R = 20 V 1 klx): 75 μA
Öffnungswinkel: 40 °

BPW 28 Fotodiode

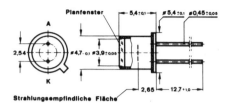

Durchbruchspannung: U_{BR} = 170 V
Dunkelsperrstrom: 1 nA
Öffnungswinkel: 70 °

BPW 32 Fotodiode

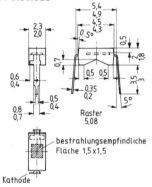

bestrahlungsempfindliche
Fläche 1,5 x 1,5

Kathode

Bestrahlungsempf. Fläche: 1 mm²
Fotoempfindlichkeit: 10 nA/lx
Dunkelstrom: ca. 20 nA
Sperrspannung: U_R = 7 V

BPW 33 Fotodiode

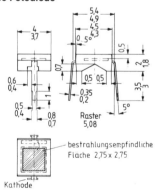

bestrahlungsempfindliche
Fläche 2,75 x 2,75

Kathode

Sperrspannung: max. 7 V
Verlustleistung: max. 150 mW
Fotoempfindlichkeit S: 50 nA
Dunkelstrom (U_R = 1 V): 20 pA

BPW 34 Fotodiode

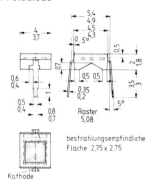

bestrahlungsempfindliche
Fläche 2,75 x 2,75

Kathode

Sperrspannung U_R: max. 32 V
Verlustleistung: max. 150 mW
Fotoempfindlichkeit (U_R = 5 V): 70 nA
Dunkelstrom (U_R = 10 V): 2 nA

BPW 41 Fotodiode

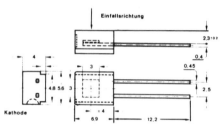

Durchbruchspannung: 32 V
Dunkelsperrstrom (U_R = 10 V): 2 nA
Hellsperrstrom (U_R = 5 V): 40 μA
Öffnungswinkel: 130 °

BPW 43 Fotodiode

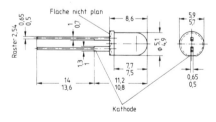

Sperrspannung: U_R = 32 V
Verlustleistung: max. 150 mW
Dunkelstrom (U_R = 10 V): 1 nA
Hellsperrstrom (U_R = 5 V): 15 μA
Wellenlänge der max. Empf.: 900 nm
Öffnungswinkel: 50 °

BPX 48 Fotodiode

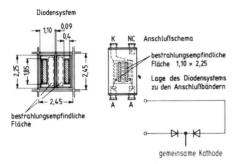

Sperrspannung U_R: max. 10 V
Verlustleistung: 50 mW
Fotoempfindlichkeit: 32 nA
Dunkelstrom (U_R = 10 V): I_R = 100 nA

BPX 63 Fotodiode

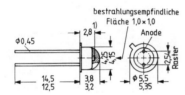

Sperrspannung: U_R = 7 V
Verlustleistung: max. 200 mW
Dunkelstrom (U_R = 1 V): 5 pA
Wellenlänge der max. Empf.: 800 nm
Öffnungswinkel: ca. 40 °
Fotoempfindlichkeit: 10 nA/I_x

BPX 65, BBX 66 Fotodiode

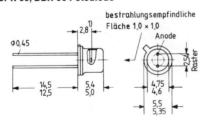

Sperrspannung: U_R = 50 V
Verlustleistung: max. 250 mW
Dunkelstrom (U_R = 20 V): 1 nA
(BPX 66, 0,15 nA)
Wellenlänge der max. Empf.: 850 nm
Fotoempfindlichkeit: 10/9 nA/I_x

BPX 90 Fotodiode

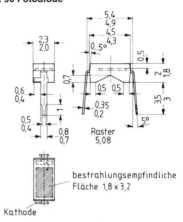

Sperrspannung: U_R = 32 V
Verlustleistung: max. 100 mW
Wellenlänge der max. Empf.: 850 nm
Fotoempfindlichkeit S: 40 nA/I_x

BPX 91 B Fotodiode

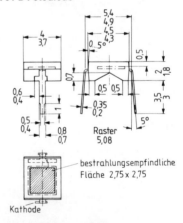

Sperrspannung: U_R = 10 V
Verlustleistung: max. 150 mW
Wellenlänge der max. Empf.: 850 nm
Fotoempfindlichkeit: 50 nA/I_x
Dunkelstrom I_R: = 7 nA

88

BPX 92 Fotodiode

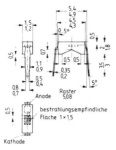

Sperrspannung: U_R = 32 V
Verlustleistung: max. 50 mW
Fotoempfindlichkeit: 7 nA/I_x
Dunkelstrom: 1 nA
Wellenlänge der max. Empf.: 850 nm

BPX 93 Fotodiode

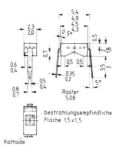

Sperrspannung: U_R 32 V
Verlustleistung: 75 mW
Fotoempfindlichkeit: 8 nA/I_x
Dunkelstrom: 0,5 nA
Wellenlänge der max. Empf.: 850 nm

SFH 203 Fotodiode

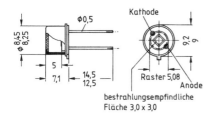

Sperrspannung: U_R 32 V
Verlustleistung: 325 mW
Fotoempfindlichkeit: 7,5 nA/I_x
Dunkelstrom: 7 nA
Wellenlänge der max. Empf.: 555 nm

SFH 205 Fotodiode

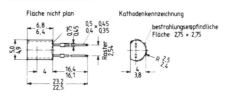

Sperrspannung: U_R = 20 V
Verlustleistung: 150 mW $\quad \dfrac{cm^2}{mW}$
Fotoempfindlichkeit: 50 μA
Dunkelstrom: 2 nA
Wellenlänge der max. Empf.: 950 nm

SFH 206 Fotodiode

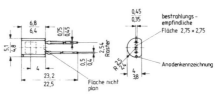

Sperrspannung: U_R = 20 V
Verlustleistung: 150 mW $\quad \dfrac{cm^2}{mW}$
Fotoempfindlichkeit: 50 μA
Dunkelstrom: 2 nA
Wellenlänge der max. Empf.: 950 nm

SFH 206 K Fotodiode

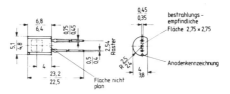

Sperrspannung: U_R 20 V
Verlustleistung: 150 mW
Fotoempfindlichkeit: 70 nA/I_x
Dunkelstrom: 2 nA
Wellenlänge der max. Empf.: 850 nA

BP 103 Fototransistor

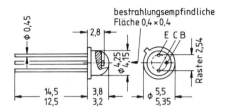

Kollektor-Emitter-Spannung: U_{CEO} 50 V
Kollektorstrom: 100 mA
Fotostrom U_{CE} 5 V: je nach
Verstärkungsfaktor 160...1250 μA
Stromverstärkung: 180...710
Halbwinkel: 60 °

BP 103 B Fototransistor

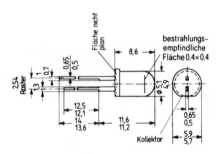

Kollektor-Emitter-Spannung: U_{CEO} 35 V
Fotostrom U_{CE} 5 V: 1,6...12,6 mA
Kollektorstrom: 100 mA
Verlustleistung: 210 mW
Halbwinkel: 16 °

BPW 13 Fototransistor

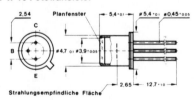

Kollektor-Emitter-Spannung: U_{CEO} 32 V
Kollektorstrom: Ic 50 mA
Verlustleistung: 375 mW
Grenzfrequenz: 170 kHz
Kollektor-Hellstrom: 0,3...1 mA
Öffnungswinkel: 80 °

BPW 14 Fototransistor

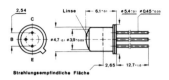

Kollektor-Emitter-Spannung: U_{CEO} 32 V
Kollektorstrom: I_C 50 mA
Verlustleistung: 375 mW
Grenzfrequenz: 170 kHz
Kollektor-Hellstrom: 3,0...10,0 mA
Öffnungswinkel: 25 °

BPW 16 Fototransistor

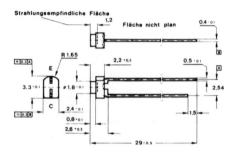

Kollektor-Emitter-Spannung: U_{CEO} 32 V
Kollektorstrom: I_C 50 mA
Kollektor-Hellstrom: 0,4 mA
Öffnungswinkel: 80 °

BPW 17 Fototransistor

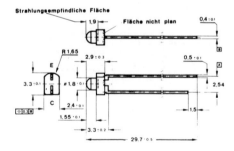

Kollektor-Emitter-Spannung: U_{CEO} 32 V
Kollektorstrom: I_C 50 mA
Kollektor-Hellstrom: 3 mA
Öffnungswinkel: 25 °

90

BPW 39 Fototransistor

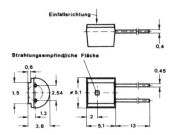

Kollektor-Emitter-Spannung: U_{CE} 32 V
Kollektorstrom: 100 mA
Verlustleistung: 150 mW
Kollektor-Hellstrom: 1 mA
Öffnungswinkel: 130 °

BPW 40 Fototransistor

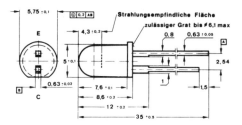

Kollektor-Emitter-Spannung: U_{CEO} 32 V
Kollektorstrom: 100 mA
Verlustleistung: 100 mW
Kollektor-Hellstrom: 6 mA
Öffnungswinkel: 40 °

BPW 42 Fototransistor

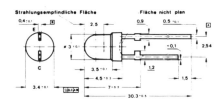

Kollektor-Emitter-Spannung: U_{CEO} 32 V
Kollektorstrom: 100 mA
Verlustleistung: 100 mW
Kollektor-Hellstrom: 3 mA
Öffnungswinkel: 80 °

BPX 38 Fototransistor

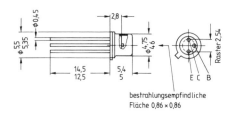

bestrahlungsempfindliche
Fläche 0,86 × 0,86

Kollektor-Emitter-Spannung: U_{CEO} 50 V
Kollektorstrom: I_C 50 mA
Verlustleistung: P_{tot} 330 mW
Fotostrom: 0,4...3,2 mA
Öffnungswinkel: 40 °

BPX 43 Fototransistor

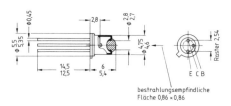

bestrahlungsempfindliche
Fläche 0,86 × 0,86

Kollektor-Emitter-Spannung: U_{CEO} 50 V
Kollektorstrom: I_C 100 mA
Verlustleistung: P_{tot} 330 mW
Fotostrom (U_{CE} 5 V): 1,6...12,5 mA
Öffnungswinkel: 20 °

BPX 81 Fototransistor

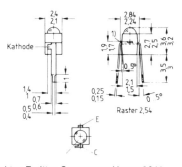

Kollektor-Emitter-Spannung: U_{CEO} 32 V
Kollektorstrom: I_C 50 mA
Verlustleistung: P_{tot} 100 mW
Fotostrom: 0,63...5,0 mA
Halbwinkel: 18 °

BPX 80, BPX 82...89 Fototransistorzeilen

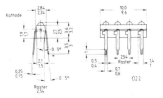

Muster mit 4 Fototransistoren (z. B. BPX 84)

Technische Daten wie BPX 81

BPX 80	10 Zeilen	BPX 86	6 Zeilen
BPX 82	2 Zeilen	BPX 87	7 Zeilen
BPX 83	3 Zeilen	BPX 88	8 Zeilen
BPX 84	4 Zeilen	BPX 89	9 Zeilen
BPX 85	5 Zeilen		

BPX 99 Fotodarlington

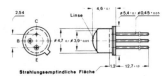

Sperrspannung: U_R = 32 V
Verlustleistung: P_{tot} 1,6 W
Kollektorstrom: I_C 0,5 A
Dunkelstrom U_{CE} 20 V: 10 nA
Hellstrom U_{CE} 5 V, E_A = 100 I_x: 30 mA
Wellenlänge der max. Empf.: 800 nm
Öffnungswinkel: 25 °

BPY 61 Fototransistor

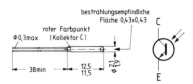

Kollektor-Emitter-Spannung: U_{CEO} 50 V
Kollektorstrom: I_C 60 mA
Verlustleistung: P_{tot} 70 mA
Fotostrom (U_{CE} 5 V): 0,8...6,3 mA
Halbwinkel: 10 °

BPY 62 Fototransistor

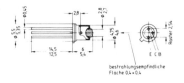

Kollektor-Emitter-Spannung: U_{CEO} 32 V
Kollektorstrom: I_C 100 mA
Verlustleistung: P_{tot} 300 mW
Fotostrom (U_{CE} 5 V): I_p 1,25...6,3 mA
Halbwinkel: 18 °

SFH 305 Fototransistor

Kollektor-Emitter-Spannung: U_{CEO} 32 V
Kollektorstrom: I_C 50 mA
Verlustleistung: P_{tot} 75 mW
Fotostrom (U_{CE} 5 V): I_p 1,0...3,2 mA
Halbwinkel: 16 °

SFH 500 Fototransistor

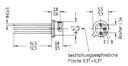

Kollektor-Emitter-Spannung: U_{CEO} 15 V
Kollektorstrom: I_C 20 mA
Verlustleistung: 100 mW
Stromverstärkung: β 60 °

TIL 78 Fototransistor 3 mm ⌀

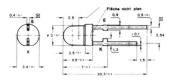

Kollektor-Emitter-Spannung: U_{CEO} 50 V
Verlustleistung: 50 mW
Passende Sendediode TIL 32

92

IR-Sendedioden

CQY 17 IR-LED

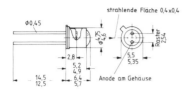

Kurzdaten: Typ. Werte
Durchlaßspannung: U_F = 1,35 V
Wellenlänge: 950 nm
Strahlstärke: Gruppe IV, 10...20 mW/sr
Strahlstärke: Gruppe V, 15...30 mW/sr
Abstrahlwinkel (Halbwinkel): 15 °

CQY 31 IR-Diode (mit Planfenster)

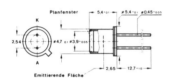

Durchlaßspannung: U_F = 1,25 V
Durchbruchspannung: U_{BR} 5 V
Wellenlänge: 900 nm
Strahlstärke: (I_F = 100 mA) = 1 mW/sr
Abstrahlwinkel: 80 °

CQY 32 IR-Diode (mit gewölbter Linse)

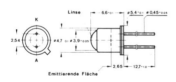

Techn. Daten wie **CQY 31**
Abstrahlwinkel: 10 °

CQY 33 IR-Diode (mit Planfenster)

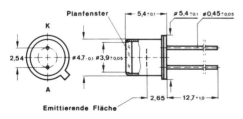

CQY 34 N IR-Diode

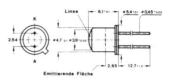

Durchlaßspannung: U_F = 1,4 V
Wellenlänge: 950 nm
Strahlstärke bei (I_F 100 mA):
  Gruppe E 12 mW/sr
  Gruppe F 18 mW/sr
Abstrahlwinkel: 30 °

CQY 35 N IR-Diode

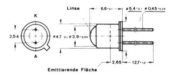

Durchlaßspannung: U_F = 1,4 V
Wellenlänge: 950 nm
Strahlstärke bei (I_F 100 mA):
  Gruppe E 24 mW/sr
  Gruppe F 36 mW/sr
Abstrahlwinkel: 10 °

CQY 36 N IR-Strahler 1,8 mm ⌀

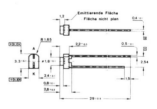

Durchlaßspannung: 1,3 V
Wellenlänge: 950 nm
Strahlstärke bei (I_F = 50 mA): 1,5 mW/sr
Abstrahlwinkel: 80 °

◀

Durchlaßspannung: U_F = 1,4 V
Wellenlänge: 950 nm
Strahlstärke bei (I_F 100 mA):
  Gruppe E 4,5 mW/sr
  Gruppe F 7 mW/sr
Abstrahlwinkel: 80 °

CQY 37 N IR-Strahler 1,8 mm ∅ mit gewölbter Linse

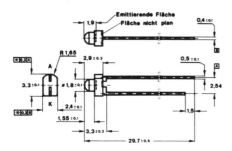

Durchlaßspannung: 1,3 V
Wellenlänge: 950 nm
Strahlstärke bei (I_F = 50 mA): 4,5 mW/sr
Abstrahlwinkel: 25 °

CQY 77 IR-Strahler

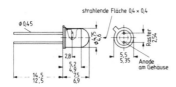

Durchlaßspannung: U_F = 1,35 V
Wellenlänge: 950 nm
Strahlstärke bei (I_F = 100 mA):
    Gruppe I   8...16 mW/sr
    Gruppe II 12,5...25 mW/sr
    Gruppe III 20...40 mW/sr
Abstrahlwinkel (Halbwinkel): 6 °

CQY 78 IR-Strahler

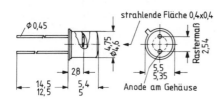

Durchlaßspannung: U_F = 1,35 V
Wellenlänge: 950 nm
Strahlstärke bei (I_F = 100 mA):
    Gruppe Ir 1...2 mW/sr
    Gruppe II 1,6...3,2 mW/sr
    Gruppe III 2,5...5 mW/sr
Abstrahlwinkel (Halbwinkel): 40 °

CQY 98 IR-Strahler

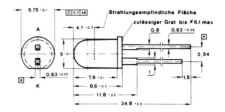

Durchlaßspannung: 1,4 V
Wellenlänge: 950 nm
Strahlstärke bei (I_F = 100 mA): 20 mW/sr
Abstrahlwinkel: 35 °

CQY 99 IR-Strahler

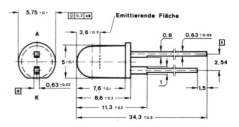

Durchlaßspannung: 1,4 V
Wellenlänge: 950 nm
Strahlstärke bei (I_F = 100 mA): 14 mW/sr
Abstrahlwinkel: 50 °

CQX 18 IR-Strahler Gehäuse TO 92

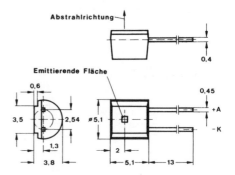

Durchlaßspannung: 1,2 V
Wellenlänge: 950 nm
Strahlstärke bei (I_F = 20 mA):
    A 0,15 mW/sr, B 0,25 mW/sr
Abstrahlwinkel: 150 °

CQX 46 IR-Strahler 3 mm ∅

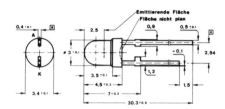

Durchlaßspannung: 1,4 V
Wellenlänge: 950 nm
Strahlstärke bei (I_F = 100 mA): 10 mW/sr
Abstrahlwinkel: 50 °

CQX 47 IR-Strahler

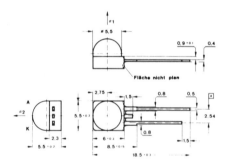

Durchlaßspannung: 2,8 V
Wellenlänge: 950 nm
Strahlstärke bei (I_F = 100 mA): 33mW/sr
Abstrahlwinkel: 35 °/55 °

CQW 13 IR-Strahler

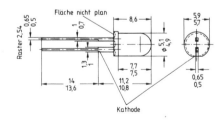

Durchlaßspannung: 1,3 V
Strahlstärke bei (I_F = 100 mA): 27 mW/sr

CQW 14 IR-Strahler

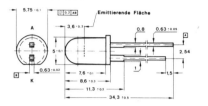

Durchlaßspannung: 1,3 V
Strahlstärke bei (I_F = 100 mA): 19 mW/sr
Wellenlänge: 950 nm
Abstrahlwinkel: 50 °

LD 242 IR-Strahler

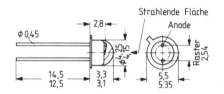

Durchlaßspannung: 1,35 V
Wellenlänge: 950 nm
Strahlstärke bei (I_F = 100 mA):
   Gruppe I   2,5...5,0 mW/sr
   Gruppe II 4,0...8,0 mW/sr
   Gruppe III 6,3...12,5 mW/sr
Abstrahlwinkel (Halbwinkel): 60 °

LD 260...LD 269 IR-LED-Zeilen

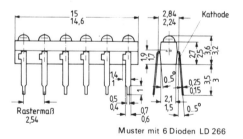

Muster mit 6 Dioden LD 266

LD 260	10 LEDs/Zeile
LD 262	2 LEDs/Zeile
LD 263	3 LEDs/Zeile
LD 264	4 LEDs/Zeile
LD 265	5 LEDs/Zeile
LD 266	6 LEDs/Zeile
LD 267	7 LEDs/Zeile
LD 268	8 LEDs/Zeile
LD 269	9 LEDs/Zeile

Durchlaßspannung: 1,25 V
Wellenlänge: 950 nm
Strahlstärke bei (I_F = 50 mA):
   Gruppe A 2,5...5 mW/sr
   Gruppe B 3,15...6,3 mW/sr
   Gruppe C 4,8...8,0 mW/sr
Halbwinkel: 30 °

LD 261 Mini-IR-Strahler

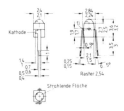

Durchlaßspannung: 1,25 V
Wellenlänge: 950 nm
Strahlstärke bei (I_F = 50 mA):
   Gruppe III 1,25...2,5 mW/sr
   Gruppe IV 2,0...4,0 mW/sr
   Gruppe V 3,2...6,3 mW/sr
   Gruppe VI 5,0...10,0 mW/sr
Halbwinkel: 30 °

LD 271 IR-Strahler

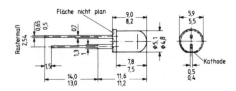

Durchlaßspannung: 1,35 V
Wellenlänge: 950 nm
Strahlstärke bei (I_F = 100 mA): 16 mW/sr
Halbwinkel: 25 °

SFH 400 IR-Strahler

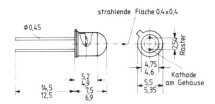

Durchlaßspannung: 1,35 V
Wellenlänge: 950 nm
Strahlstärke bei (I_F = 100 mA):
   Gruppe I 12,5...25 mW/sr
   Gruppe II 20...40 mW/sr
   Gruppe III 32...62 mW/sr
Halbwinkel: 6 °

SFH 401 IR-Strahler

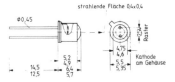

Durchlaßspannung: 1,35 V
Wellenlänge: 950 nm
Strahlstärke bei (I_F = 100 mA):
   Gruppe I 6,3...12,5 mW/sr
   Gruppe II 10...20 mW/sr
   Gruppe III 16...32 mW/sr
Halbwinkel: 15 °

SFH 402 IR-Strahler

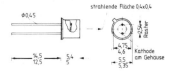

Durchlaßspannung: 1,35 V
Wellenlänge: 950 nm
Strahlstärke bei (I_F = 100 mA):
   Gruppe I 1,6...3,2 mW/sr
   Gruppe II 2,5...5 mW/sr
   Gruppe III 4...8 mW/sr
Halbwinkel: 40 °

SFH 405 IR-Strahler

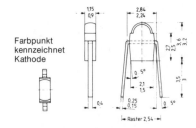

Durchlaßspannung: 1,25 V
Wellenlänge: 950 nm
Strahlstärke bei (I_F = 50 mA):

Gruppe I 1,0...2,0 mW/sr
Gruppe II 1,6...3,2 mW/sr
Gruppe III 4,0...8,0 mW/sr
Gruppe IV 4,0...8,0 mW/sr
Halbwinkel: 16 °

V 290 P IR-Strahler

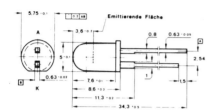

Durchlaßspannung: 1,4 V
Wellenlänge: 950 nm
Strahlstärke bei (I_F = mA): 15 mW/sr
Abstrahlwinkel: 50 °

V 292 P IR-Strahler

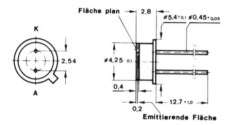

Durchlaßspannung: 1,5 V
Wellenlänge: 910 nm
Strahlstärke bei (I_F = 100 mA): 0,5 mW/sr
Abstrahlwinkel: 140 °

V 390 P IR-Strahler

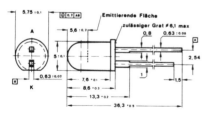

Durchlaßspannung: 1,4 V
Wellenlänge: 950 nm
Strahlstärke bei (I_F = 100 mA): 21 mW/sr
Abstrahlwinkel: 35 °

TIL 31/33/34 IR-Sende-Diode

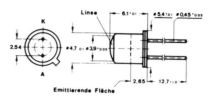

Durchlaßspannung: 1,4 V
Wellenlänge: 940 nm
Strahlstärke bei (I_F = 100 mA):
  TIL 31 6 mW/sr
  TIL 33 5 mW/sr
  TIL 34 3 mW/sr
Abstrahlwinkel:
  TIL 31 10 °
  TIL 33 80 °
  TIL 38 10 °

TIL 32 IR-Sende-Diode 3 mm ⌀

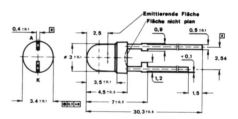

Durchlaßspannung: 1,2 V
Wellenlänge: 940 nm
Strahlstärke bei (I_F = 20 mA): 1,2 mW/sr
Abstrahlwinkel: 35 °

TIL 38 IR-Strahler 5 mm ⌀

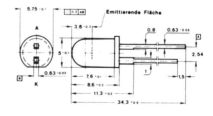

Durchlaßspannung: 1,4 V
Wellenlänge: 940 nm
Strahlstärke bei (I_F = 100 mA): 12 mW/sr
Abstrahlwinkel: 60 °

TIL 41...50 IR-Strahler (1...10 Elemente)

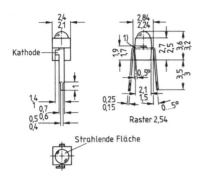

Kathode

Raster 2,54

Strahlende Fläche

Durchlaßspannung: 1,2 V
Wellenlänge: 940 nm
Strahlstärke bei (I_F = 20 mA): 1,2 mW/sr

CQY 99   *Abb. CQY 34 N*

Abb. LD 260...269   *Abb. COX 46*

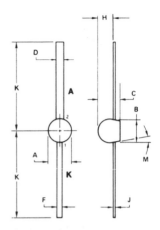

Durchlaßspannung: 1,2 V
Wellenlänge: 930 nm
Strahlstärke bei (I_F = 50 mA):
    MLED 60 0,55 mW/sr
    MLED 90 0,35 mW/sr

A = 2,34 mm

MLED 930 IR-Diode

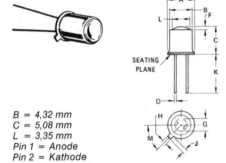

SEATING PLANE

B = 4,32 mm
C = 5,08 mm
L = 3,35 mm
Pin 1 = Anode
Pin 2 = Kathode

Durchlaßspannung: 1,25 V
Wellenlänge: 900 nm
Strahlstärke bei (I_F = 100 mA): 1,5 mW/sr

MLED 92, 93, 94, 95 IR-LED

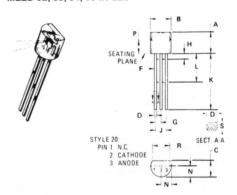

SEATING PLANE

STYLE 20:
PIN 1. N.C.
2. CATHODE
3. ANODE

SECT. A-A

Durchlaßspannung: 1,2 V (MLED 93...95 1,3 V)
Wellenlänge: 930 nm
Strahlstärke bei (I_F = 50 mA): 0,66 mW/sr
(I_F = 100 mA):
    MLED 93 3 mW/sr
    MLED 94 5 mW/sr
    MLED 95 7 mW/sr

A = 4,32 mm
B = 4,44 mm
C = 3,18 mm

MLED 60, MLED 90 IR-LED

98

Einfache Grundschaltungen für fotoelektrische Empfänger

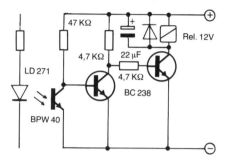

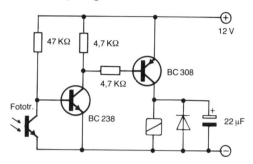

Diese Schaltung zeigt eine einfache Lichtschranke. Bei Unterbrechung des auf den Fototransistor gerichteten Lichtstrahls bzw. bei Dunkelheit fällt das Relais ab.

Das nachgeschaltete Relais zieht bei Unterbrechung des Lichtstrahls oder bei Dunkelheit an. Es kann somit die Hofbeleuchtung, Treppenhausbeleuchtung o. ä. geschaltet werden.

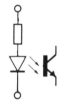

Dämmerungsschalter

Wird der Fototransistor, wie nebenstehende Abb. zeigt, durch eine IR-LED angestrahlt, so erhält man eine Kleinlichtschranke (ca. 1...5 cm), wobei bei Unterbrechung das Relais anzieht bzw. abfällt. Der Fototransistor sollte vor Fremdlicht geschützt werden.

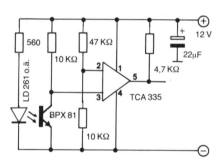

Lichtschranke mit TCA 335

Diese Lichtschranke ist mit dem Schwellwertschalter TCA 335 A aufgebaut, wie aus der Schaltung hervorgeht, sind für die externe Beschaltung nur wenig zusätzliche Bauelemente erforderlich. Fällt Licht (von der IR-Diode LD 261) auf den Fototransistor, so wird der Ausgang (Pin 5) positiv.

Lichtschranke mit Schwellwertschalter TCA 105

Bei Unterbrechung des Lichtstrahls schaltet hier das Relais durch. Für die Empfängerschaltung sind hier keine externen Bauelemente erforderlich. Der Spannungsbereich für den Schwellwertschalter beträgt ca. 4,5...30 V, der max. Ausgangsstrom 50 mA.
Durch die geringe Reichweite ist diese Schaltung nur als Gabellichtschranke oder für Abtasteinrichtungen vorgesehen.

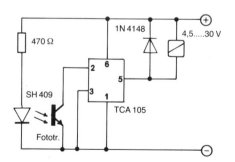

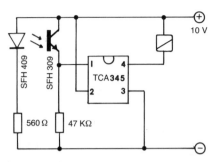

Mini-Lichtschranke mit TCA 345 A

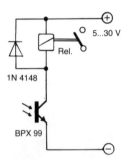

Schaltung der Lichtschranke

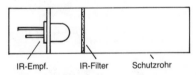

IR-Empf.   IR-Filter   Schutzrohr

IR-Empfangselement, IR-Filter, Schutzrohr

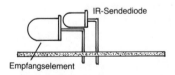

IR-Sendediode

Empfangselement

IR-Sendediode, Empfangselement (Anstrahlung durch eine IR-LED)

Lichtschranke mit TCA 345 A

Diese Lichtschranke ist mit dem Schwellwertschalter TCA 345 A von Siemens aufgebaut. Am Ausgang können ohne Schutzdiode induktive Lasten bis ca. 70 mA geschalten werden.

Einfache Lichtschranke mit Foto-Darlington-Transistor BPX 99

Mit nebenstehender Schaltung läßt sich bereits eine einfache Lichtschranke aufbauen. Außer dem Fototransistor BPX 99 ist keine externe Beschaltung mehr erforderlich. Der Fototransistor kann Ströme bis 500 mA schalten und eignet sich zur direkten Ansteuerung von Relais, Magnetventilen, Kleinmotoren u. ä. Wird der Lichtstrahl unterbrochen bzw. setzt Dunkelheit ein, fällt das Relais ab.

IR-Empfangselemente können durch Einbau in ein kleines Schutzrohr (siehe Abb.) vor direktem Lichteinfall (Sonnenlicht, Umgebungslicht) das unter Umständen die Funktion des Empfängers beeinflußt, geschützt werden.

Auch ein IR-Filter schützt vor störendem Fremdlicht und läßt sich leicht selbst herstellen. Dazu eignet sich am besten ein Stück unbelichteter aber entwickelter Farbfilm (z. B. das Ende eines Rollfilms).

Da manche Fotoempfangselemente durch Helligkeitsschwankungen des Umgebungslichtes (Tag, Nacht) ihren Arbeitspunkt (dadurch die Empfindlichkeit) verschieben, kann durch einfaches Anstrahlen des Empfangselementes mit einer IR-LED dies weitgehendst kompensiert werden (nicht für gleichstromgekoppelte Lichtschranken).

IR-Sender mit 1 kHz moduliert

Diese Schaltung, aufgebaut mit dem C-MOS-NAND-Gatter CD 4011, erzeugt eine Rechteckschwingung mit einer Frequenz von ca. 30 kHz. Durch ein zweites Gatterpaar wird die 30-kHz-Trägerschwingung mit 1 kHz moduliert. Die Sendediode wird durch den Darlington-Transistor BC 877 mit ca. 250 mA betrieben, wobei sich durch das Tastverhältnis ein mittlerer Strom von ca. 25 mA einstellt.

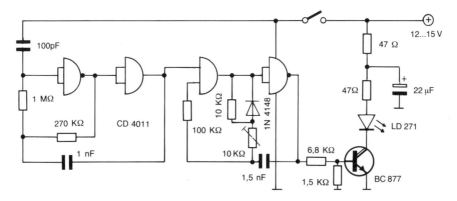

Schaltung des IR-Senders für Lichtschranken (Siemens)

Leistungsstarker IR-Sender für Fernbedienungen

Die Schaltung ist ähnlich der vorgehenden aufgebaut, hier wird ebenso der Transistor periodisch angesteuert. Der Spitzenstrom durch die LEDs (LD 271) beträgt dabei bis 1 A.

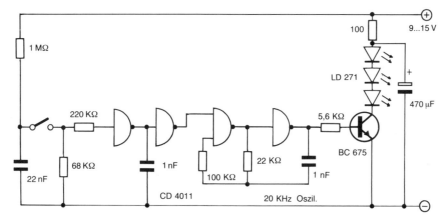

IR-Sender für Fernbedienung (Siemens)

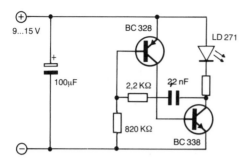

IR-Sender

Dieser IR-Sender stellt das notwendige Ergänzungsgerät zum Infrarot-Empfänger dar. Beide Geräte werden als Einheit eingesetzt. Der mit T1 und T2 aufgebaute Sender strahlt bei Betätigung der Taste moduliertes Infrarotlicht über die Infrarot-Diode ab. Durch Verwendung geeigneter Sammellinsen lassen sich in Verbindung mit der IR-Lichtschranke Reichweiten von ca. 6...8 m erzielen.

Schaltung des IR-Senders

Einfache IR-Lichtschranke

Nachfolgend wird eine IR-Lichtschranke für universelle Anwendungen vorgestellt. So reicht z. B. die Anwendung von Alarm-/Zähleinrichtungen oder zur Einzelsicherung von Türen, Toren, Fenstern o. ä.

Als Empfangselement dient ein für infrarotes Licht empfindlicher Fototransistor. Der Empfängerkreis, in dem dieser Transistor das wesentliche Element darstellt, gibt nur eine sehr schwache Signalspannung ab. Die Verarbeitung dieser niedrigen Signalspannung erfordert eine kräftige Verstärkung. Dies wird mit einem Operationsverstärker IC 1 (LM 741) erreicht. Am Ausgang des linearen Verstärkers hat das Nutzsignal eine für die Weiterverarbeitung ausreichende Amplitude. Die nachfolgende Stufe, bestehend aus den Dioden D1 und D2, bildet einen sogenannten Spitzengleichrichter. Diese Schaltungsart erzeugt aus der Wechselspannung eine Gleichspannung; sie steuert Transistor T1 an, dieser wiederum T2, mit dem das Relais geschaltet wird. Die Reichweite beträgt ohne Optik ca. 3...4 m, mit Optik ca. 6...8 m.

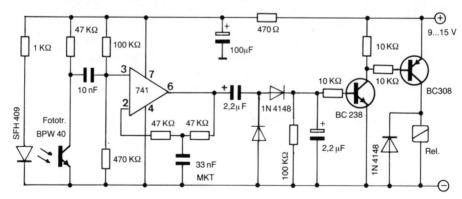

Schaltbild des IR-Empfängers

102

6. Gabel- und Reflexlichtschranken

Mechanische Bewegungen aller Art lassen sich mit optoelektronischen Sensoren abfragen. Diese Sensoren bestehen gewöhnlich aus einer IR-Diode und einem Fototransistor in einem gemeinsamen Gehäuse.

Gabellichtschranken weisen gegenseitig zugekehrte Sender und Empfänger auf. Jede Schwächung oder Unterbrechung des Lichtes zwischen beiden Elementen, verringert das Ausgangssignal des Fototransistors.

In **Reflexlichtschranken** sind Sender und Empfänger parallel nebeneinander angeordnet. Jedes reflektierende Teil, das in den Bereich von Sender und Empfänger gebracht wird, bewirkt einen Fotostrom durch den Empfänger. Im Ruhezustand sollte möglichst kein Licht vom Sender zum Empfänger gelangen, um die Ansprechschwelle der Auswertschaltung möglichst niedrig legen zu können.

**SFH 900 Miniatur-Reflexlichtschranke
geeignet für Positionsmelder, Endabschalter, Drehzahlüberwachung und ähnliches**

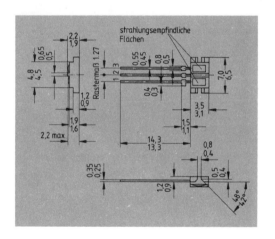
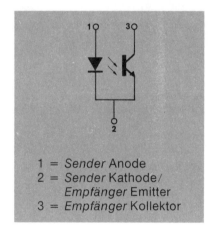

1 = *Sender* Anode
2 = *Sender* Kathode/
    Empfänger Emitter
3 = *Empfänger* Kollektor

Technische Daten:
Typ SFH 900
Ausgangsstrom (I_F = 10 mA) (U_{CE} = 5 V) I_{CE} = 0,5 mA
Durchlaßstrom I_F 60 mA
Kollektor-Emitter-Spannung U_{CEO} 30 V

SPX 1160

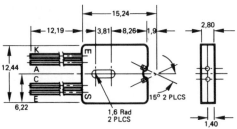

SPX 1160-1	Sender: 1,6 V 50 mA Empf.: V_{CE} 30 V Transistorausgang
SPX 1160-2	Sender: 1,6 V 50 mA Empf.: V_{CE} 30 V Transistorausgang
SPX 1160-3	Sender: 1,6 V 50 mA Empf.: V_{CE} 15 V Darlingtonausgang

SPX 1180

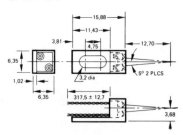

Typ	Sende-diode	Emp-fänger	Ausgang
SPX 1180-1	I_F 20 mA	U_{CE} 30 V	Transistor
SPX 1180-2	I_F 20 mA	U_{CE} 30 V	Transistor
SPX 1180-3	I_F 20 mA	U_{CE} 15 V	Darlington

-1 braun = Kollektor, schwarz = Emitter
-2 orange = Kollektor, schwarz = Emitter
-3 gelb = Kollektor, schwarz = Emitter
LED schwarz = minus, rot = plus

SPX 1397

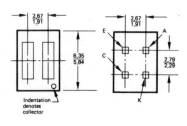

Typ	Sende-diode	Emp-fänger	Ausgang
SPX 1397-1	20 mA	30 V U_{CE}	Transistor
SPX 1397-2	20 mA	30 V U_{CE}	Transistor
SPX 1397-4	20 mA	30 V U_{CE}	Transistor
SPX 1397-31	20 mA	15 V U_{CE}	Darlington
SPX 1397-32	20 mA	15 V U_{CE}	Darlington

SPX 1404

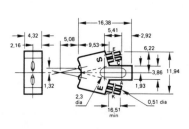

Typ	Sende-diode	Emp-fänger	Ausgang
SPX 1404-1	I_F 50 mA	30 V U_{CE}	Transistor
SPX 1404-2	I_F 50 mA	30 V U_{CE}	Transistor
SPX 1404-3	I_F 50 mA	15 V U_{CE}	Darlington

S = *Sensor (Empfänger)*
E = *Emitter (Sender)*

E = *Emitter*
C = *Kollektor*
A = *Anode*
K = *Kathode*

SPX 1405-1

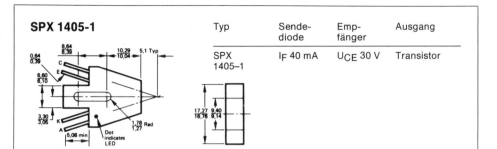

Typ	Sende-diode	Emp-fänger	Ausgang
SPX 1405–1	I_F 40 mA	U_{CE} 30 V	Transistor

SPX 1872

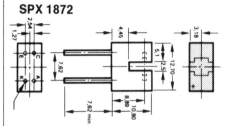

Sender: LED I_F = 20 mA,
Kollektorstrom 30 mA
U_{CE} 45 V, 60 mW
SPX 1872-1, -2 Transistor
SPX 1872-3 Darlington, U_{CE} = 30 V
SPX 1872-4, -11, -12 Transistor
SPX 1872-13 Darlington U_{CE} = 30 V
SPX 1872-14 Transistor

SPX 1873

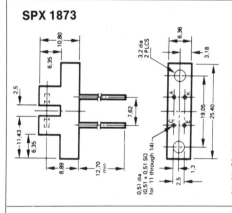

Sender: LED, I_F = 20 mA,
Kollektorstrom 30 mA
U_{CE} 45 V, 60 mW
SPX 1873-1, -2 Transistorausgang
SPX 1873-3 Darlington U_{CE} = 30 V
SPX 1873-4, -5, -11, -12 Transistor
SPX 1873-13 Darlington U_{CE} = 30 V
SPX 1873-14 Transistor

SPX 1874

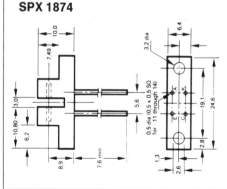

Sender: LED, I_F = 20 mA,
Kollektorstrom 30 mA
U_{CE} 45 V, 60 mW
SPX 1874-1, -2 Transistor
SPX 1874-3 Darlington U_{CE} = 30 V
SPX 1874-4, -11, -12 Transistor
SPX 1874-13 Darlington
U_{CE} = 30 V
SPX 1874-14 Transistor

SPX 1875

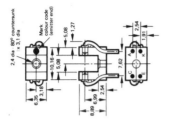

Sender: LED, I_F = 20 mA,
Kollektorstrom 30 mA
U_{CE} 45 V
SPX 1875-1   Transistor
SPX 1875-2   Transistor
SPX 1875-3   Darlington U_{CE} = 30 V

SPX 1876

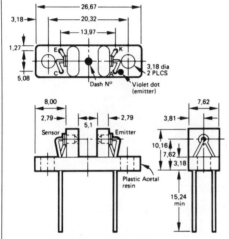

Sender: LED, I_F 20 mA,
Empfänger: Kollektorstrom 30 mA
U_{CE} 45 V
1876-1   Transistor
1876-2   Transistor
1876-3   Darlington U_{CE} 14 V

SPX 1877

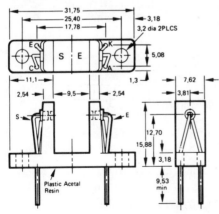

Sender: LED, I_F 20 mA,
Empfänger: Kollektorstrom 30 mA
U_{CE} 45 V
1877-1   Transistor
1877-2   Transistor
1877-3   Darlington U_{CE} 30 V

S = Sensor (Empfänger)
E = Emitter (Sender)
A = Anode
K = Kathode
E = Emitter
C = Kollektor

SPX 1878

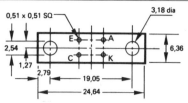

Sender: LED, I$_F$ 20 mA,
Empfänger: Kollektorstrom 20 mA
1878-11   Transistor
1878-12   Transistor
1878-13   Darlington U$_{CE}$ 30 V
1878-14   Transistor

SPX 1879

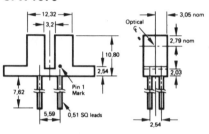

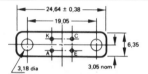

Sender: LED, I$_F$ 20 mA
SPX 1879-11   Transistor
SPX 1879-12   Transistor
SPX-1879-14   Transistor
SPX 1879-15   Transistor

SPX 1881

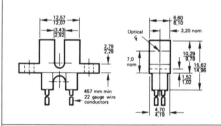

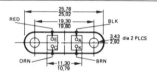

Sender: LED, I$_F$ 20 mA
SPX 1881-11   Transistor
SPX 1881-12   Transistor
SPX 1881-13   Darlington
SPX 1881-14   Transistor

SPX 2001

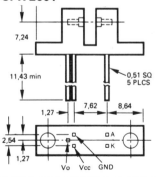

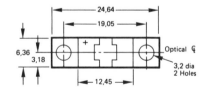

Gabellichtschranke m. Schmitt-Trigger
Sender: LED, I$_F$ 20 mA,
Empfänger: Betriebsspannung
max. 20 V

107

CNY 70 Optoelektronischer Reflexkoppler

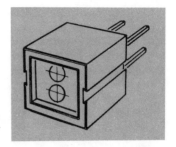

Aufbau:
Emitter: GaAs-IR-Lumineszenzdiode
Detektor: Silizium-NPN-Epitaxial-Fototransistor

Anwendung:
Optoelektronische Abtast- und Schalteinrichtung,
z. B. für Farbmarkenerkennung, Codierscheibenabtastung usw.

Besondere Merkmale:
– Kein Justieraufwand   – Niedriger Temperaturkoeffizient
– Hohes Nutzsignal   – Durch IR-Filter geringe Fremdlichtempfindlichkeit

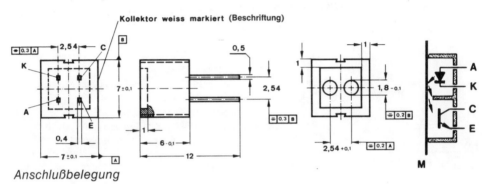

Anschlußbelegung

Elektrische Kenngrößen

		Min.	Typ.	Max.	
Sender					
Durchlaßspannung (I_F = 50 mA)	UF		1,25	1,6	V
Durchbruchspannung (I_R = 100 uA)	U(BR)	5			V
Empfänger					
Kollektor-Emitter-Durchbruchspannung (I_C = 1 mA)	U (BR) CEO	32			V
Emitter-Kollektor-Durchbruchspannung (I_E = 100 uA)	U (BR) ECO	5			V
Kollektorstrom (U_{CE} = 20 V, I_F = 0, E = 0)	I_{CEO}		10	200	nA
Koppelelement					
Kollektorstrom (I_F = 20 mA, U_{CE} = 5 V)	I_C	0,3	0,5		mA
Übersprechstrom (I_F = 20 mA, U_{CE} = 5 V)	I_{CX}			200	nA

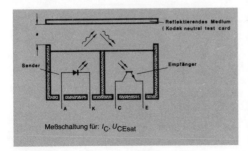

Meßschaltung für: I_C, U_{CEsat}

Anwendungsschaltungen
Ein direkter Einfall von Störlicht sollte
bei der Anwendung des Reflexkopplers durch konstruktive Maßnahmen
verhindert werden. Das eingebaute IR-
Filter der Empfänger sperrt nur den
sichtbaren Anteil des Lichtes, so daß
vor allem Störlicht mit hohem IR-Anteil
(wie Glühlampenlicht) abzuschirmen
ist.

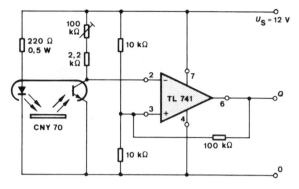

In der nebenstehenden Schaltung wurde der Operationsverstärker LM 741 als Schwellenwertschalter eingesetzt. Damit wird eine genau definierte Schaltschwelle sowie einstellbare Hysterese erreicht. Die Empfindlichkeit bzw. die Reichweite kann mit dem 10-kΩ-Poti eingestellt werden. Mit zunehmenden Widerstand steigt auch die Empfindlichkeit gegen Fremdlicht.

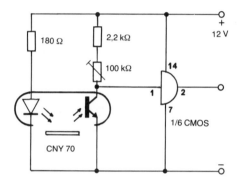

Nebenstehende Abb. zeigt eine Schaltung mit minimalen Aufwand für digitale Anwendungen. Der C-MOS-Schmitt-Trigger SN 74C14, von diesen sechs Schaltstufen nur eine Schaltstufe Verwendung findet, dient als Schaltglied. Mit dem 10-kΩ-Trimmpoti wird die Reichweite und die Empfindlichkeit des Fototransistors eingestellt, zusätzlich werden die durch Exemplarstreuungen bedingten unterschiedlichen Schaltschwellen des Schmitt-Triggers ausgeglichen.

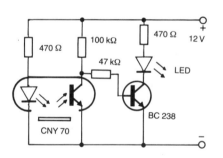

Einfache Version zum Testen des Reflexkopplers. Bei Reflexion erlischt die LED, die über den NPN-Transistor angesteuert wird. Der Ansprechabstand beträgt mit den aufgeführten Bauteilen ca. 3 mm mit geringer Fremdlichtempfindlichkeit.

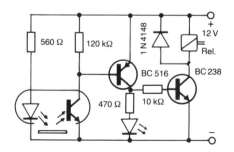

Mit dieser Schaltung läßt sich bereits eine Entfernung zur Reflexions-Fläche von ca. 2 cm erreichen. Allerdings muß erwähnt werden, daß hier die Fremdlichtbeeinflußung ziemlich groß ist. Es muß daher für ausreichende Abschirmung gesorgt werden.

U 102 P Monolithisch integrierter Fotoschwellwertschalter

Anwendung: Belichtungs- und Beleuchtungssteuerung, Lichtschranken mit direkter Relaisansteuerung, Dämmerungsschalter

Besondere Merkmale:
Integrierte Schalter und Fotoempfänger auf einem Chip ● Extern regelbare Lichtempfindlichkeit ● Extern regelbare Hysterese ● Endstufe mit offenem Kollektor $U_{CE} = 25\,V$, $I_C = 70\,mA$, Ruhestrom = 2,5 mA

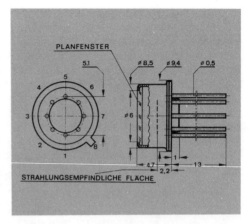

STRAHLUNGSEMPFINDLICHE FLÄCHE

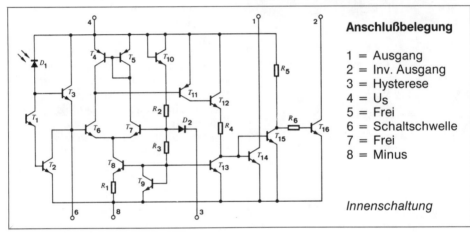

Anschlußbelegung

1 = Ausgang
2 = Inv. Ausgang
3 = Hysterese
4 = U_S
5 = Frei
6 = Schaltschwelle
7 = Frei
8 = Minus

Innenschaltung

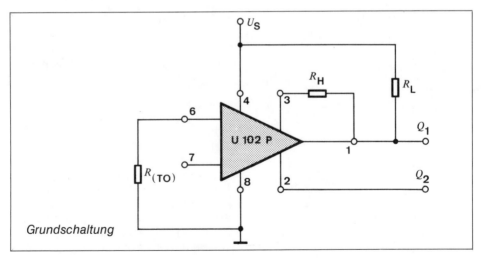

Grundschaltung

110

U 102 P Dämmerungsschalter mit Hysterese

Mit dieser Schaltung kann ein Dämmerungsschalter mit einer Schaltverzögerung aufgebaut werden. Über die Ausgänge 1 und 2 können Relais direkt geschaltet werden, da die Ausgänge mit max. 70 mA belastbar sind. Das Bauteil „U 102 P" beinhaltet gleichzeitig Fotoempfänger und integrierte Schaltung (Verstärker und Schaltstufe), so daß zur externen Beschaltung nur noch wenige Bauteile erforderlich sind.

Durch Parallelschaltung eines Kondensators (ca. 22 μF) zu Widerstand RTO wird eine definierte Verzögerung des Ein- bzw. Ausschaltens erreicht. Der Dämmerungsschalter spricht dadurch nur auf sehr langsame Änderung der Beleuchtungsstärke an. Der Wert der ZD kann von 5 V bis 15 V variieren.

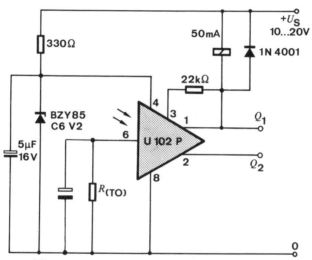

Dämmerungsschalter mit U 102 P

U 123 P Monolithisch integrierter Fotoimpulsverstärker

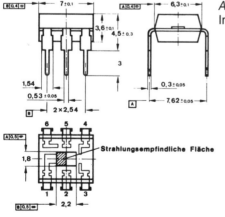

Anwendungen:
Impulslichtschranken, Wechsellichtschranken

Besondere Merkmale:
– Integrierter Operationsverstärker und Fotoempfänger auf einem Chip
– Extern regelbare Fotoempfindlichkeit durch R 2–3
– Ruhestrom I_{SB} = 11 mA
– Für R2–3 = 50 kΩ interne Frequenzkompensation
– Kein Einfluß der Grundbeleuchtung bis E = 15 klx, f = 100 Hz (Leuchtstoffröhren).

111

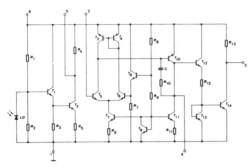

Schaltung und Anschlußbelegung

Strahlungsempfindliche Fläche
A = 1 mm²
Spezialgehäuse Kunststoff, klar

Pin
1 $- U_S$ Bezugspunkt
2 Eingang
   Operationsverstärker
3 Ausgang
4 Frequenzkompensation
5 Ausgang Vorverstärker
6 $+ U_S$ Versorgungsspannung

U 123 P Optische und elektrische Kenngrößen			Typ.
U_S = 10 V, Bezugspunkt	Pin 1		
Versorgungsspannungsbereich	Pin 6	U_S	4....12 V
Ruhestromaufnahme	Pin 6	I_{SB}	11 mA
Ausgangsstrom Operationsverstärker	Pin 3	I_Q	5 mA
Leerlaufspannungsverstärkung			
Operationsverstärker ($f \leq$ 1 kHz, R_{2-3} = ∞)	Pin 3	A_{uo}	94 dB
Ausgangsspannungsänderung (T_{amb} = $-20... + 60\,°C$)	Pin 3	ΔU_q	15 %
Signal-Rausch-Verhältnis (Φ_e = 150 nW)	Pin 3	$\dfrac{U_q}{U_{nq}}$	15 dB
Wellenlänge der maximalen Empfindlichkeit		λ_p	840 nm
Bereich der spektralen Empfindlichkeit (50 %)		$\lambda_{0,5}$	620...970 nm
Anstiegszeit (Φ_e = 150 nW, R_{2-3} = 1 MΩ, C_K = 10 nF)		t_r	4 μs

CNY 36/CNY 37 Optoelektronische Gabelkoppler

Aufbau: Emitter: GaAs-IR-Lumineszenzdiode
Detektor: Silizium-NPN-Planar-Fototransistor
Anwendungen: Optoelektronische Abtast- und Schalteinrichtung, z. B. für Farb-markenerkennung, Codierscheibenabtastung, Bandrißmelder o. ä.

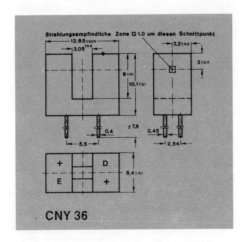

CNY 36

Besondere Merkmale:
– Kompakte Bauform
– CNY 36 für Leiterplattenmontage
– CNY 37 mit Befestigungsflanschen
– Kein Justieraufwand
– Kontaktloser Schalter, dadurch
  hohe Zuverlässigkeit
– Kunststoff-Gehäuse

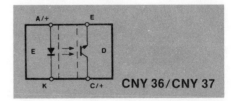

CNY 36/CNY 37

112

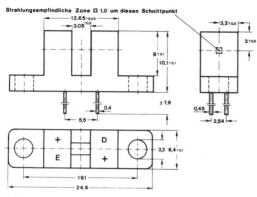

CNY 37

Elektrische Kenngrößen

	Typ. Wert
Sender	
Durchlaßspannung ($I_F = 20\ mA$)	1,2 V
Durchbruchspannung ($I_R = 100\ \mu A$)	5 V
Empfänger:	
Kollektor-Emitter-Durchbruchspannung ($I_C = 1\ mA$)	32 V
Kollektor-Dunkelstrom ($U_{CE} = 10\ V$, $I_F = 0$, $E = 0$)	100 nA

Einfache Schaltung mit Gabelkoppler

Wird der Lichtstrahl der Gabellichtschranke mit einem Gegenstand unterbrochen, so leuchtet die LED auf. Mit einem nachgeschalteten Relais (anstelle der LED) können Verbraucher mit höherer Leistung geschaltet werden. Diese Schaltung kann z. B. als Bandriß-Melder in TB-Geräten, Positionsmelder, Endabschalter oder für ähnliche optoelektronische Abtast- und Schalteinrichtungen verwendet werden.

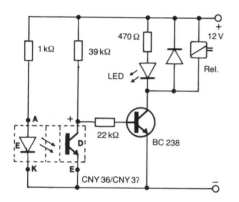

Schaltung mit Gabelkoppler

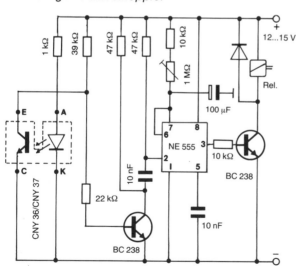

Schaltung mit Abfallverzögerung

Durch Unterbrechung des IR-Lichtstrahls (z. B. mit einer Münze) beim Gabelkoppler zieht das Relais für eine einstellbare Zeit an und fällt danach wieder ab. Der Timer NE 555 arbeitet als Zeitschaltstufe.

113

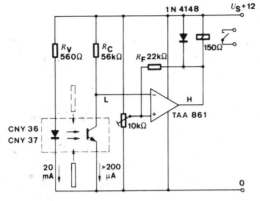

Anwendung mit Operationsverstärker TAA 861

Der Fototransistor steuert den Operationsverstärker TAA 861 an, der ein Relais direkt schaltet. Dieser Operationsverstärker arbeitet als Schwellwertschalter, der über den Rückkopplungswiderstand RF eine gewisse Hysterese erhält. Mit Hilfe des 10-kΩ-Trimmwiderstandes kann die Schaltschwelle – bedingt durch einfallendes Fremdlicht – angepaßt werden.

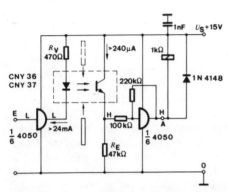

Anwendung mit C-MOS-IC

Mit dem C-MOS-IC (Sechsfach-Treiber) 4050 läßt sich der Gabelkoppler ebenfalls einsetzen. Die C-MOS-Treiberstufe kann ohne weiteres ein Relais mit einem Innenwiderstand von 1 kΩ ansteuern. Soll ein niederohmiges Relais angesteuert werden, so können mehrere Treiberstufen parallel oder ein zusätzlicher Transistor nachgeschaltet werden.

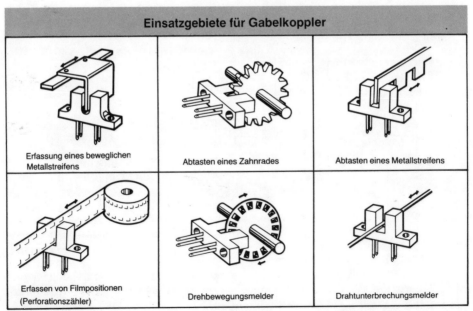

Einsatzgebiete für Gabelkoppler

Erfassung eines beweglichen Metallstreifens

Abtasten eines Zahnrades

Abtasten eines Metallstreifens

Erfassen von Filmpositionen (Perforationszähler)

Drehbewegungsmelder

Drahtunterbrechungsmelder

7. Optokoppler

Optokoppler werden vorwiegend zur galvanischen Trennung von Steuerkreis und Netzspannung eingesetzt. Diese Elemente besitzen meist als Sender eine Ga As-IR-Lumineszenzdiode, die optisch mit einem NPN-Silizum-Fototransistor, Fotodarlington-Transistor, oder einem Foto-Thyristor als Empfänger gekoppelt ist. Diese Bauelemente sind meist in einem Dual-In-Line-Gehäuse eingebaut.

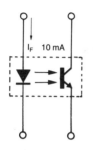

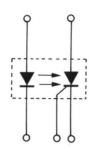
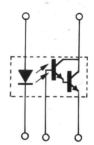

Optokoppler mit
NPN-Fototransistor

Optokoppler mit
Foto-Thyristor

Optokoppler mit
Darlington-Transistor

Über einem Lichtleiter strahlt die IR-Diode direkt auf den Fototransistor. Der Basisanschluß des Transistor ist getrennt herausgeführt, dadurch ist es möglich den Transistor mit seiner normalen Transistorfunktion in die Schaltung mit einzubeziehen. Die Isolationsspannung je nach Typ, kann bis zu einigen KV betragen.

Große Ströme und hohe Temperaturen beschleunigen den Rückgang des Koppelfaktors (Stromübertragungsverhältnis) der von 20 % bis über 200 % bei hochwertigen Kopplern reicht. Die besten z. Z. erhältlichen Koppler weisen nach ca. 12 Jahren noch mehr als 50 % des Anfangskoppelfaktors auf, was für die meisten Anwendungsfälle ausreicht.

Funktionsweise:

Die Informationsübermittlung erfolgt auf dem optischen Wege. Im Optokoppler wird das elektrische Signal vom Sender in ein Optisches verwandelt. Dieses wiederum wird auf optischem Wege (lichtleitendes Medium) Empfänger zugeführt und von diesem wieder in ein elektrisches Signal zurückgewandelt. Eine infrarot strahlende Galium-Arsenid-Lumineszenzdiode dient dabei als Sender, als Empfänger ein Silizium-Fototransistor.

Die Isolationsprüfspannung ist die maximal zulässige Spannung, die zwischen Eingang und Ausgang kurzzeitig anliegen darf.

Optokoppler Kurzübersicht

Typ	Ausgangs-Beschaltung	Übertragungs-verhältnis %	Isolations-Spannung (V)	Koll./Emitter-Spannung (V)	Bild
4 N 22	Transistor	25	1000	35	21
4 N 23	Transistor	60	1000	35	21
4 N 24	Transistor	100	1000	35	21
4 N 25	Transistor	20	2500	30	4
4 N 25 A	Transistor	20	1775	30	4
4 N 26	Transistor	20	1500	30	4
4 N 27	Transistor	10	1500	30	4
4 N 28	Transistor	10	500	30	4
4 N 29	Darlington	100	2500	30	5
4 N 29 A	Darlington	100	1775	30	5
4 N 30	Darlington	100	1500	30	5
4 N 31	Darlington	50	1500	30	5
4 N 32	Darlington	500	2500	30	5
4 N 32 A	Darlington	500	1775	30	5
4 N 33	Darlington	500	1500	30	5
4 N 35	Transistor	100	3350	30	4
4 N 36	Transistor	100	2500	30	4
4 N 37	Transistor	100	1500	30	4
4 N 38	Transistor	10	1500	–	4
4 N 38 A	Transistor	10	2500	–	4
4 N 39	Thyristor	–	1500	–	3
4 N 40	Thyristor	–	1500	–	3
4 N 45	Darlington	200	3000	V_{CC} max. 7 V	10
4 N 46	Darlington	200	3000	V_{CC} max. 20 V	10
6 N 134	Logik Gate	–	1500	V_{CC} 5 V	9
6 N 135	Transistor	7	3000	V_{CC} max. 15 V	1
6 N 136	Transistor	19	3000	V_{CC} max. 15 V	1
6 N 137	Logik Gate	–	3000	V_{CC} max. 5 V	8
6 N 138	Darl. Split	300	3000	V_{CC} max. 7 V	2
6 N 139	Darl. Split	400	3000	V_{CC} max. 18 V	2
CNX 21	Transistor	20	10 000	30	22
CNX 35	Transistor	40...60	4400	30	4
CNX 36	Transistor	80	4400	30	4
CNY 17–1	Transistor	80	4400	50	4
NNY 17–2	Transistor	125	4400	50	4
CNY 17–3	Transistor	200	4400	50	4
CNY 17–4	Transistor	320	4400	50	4
CNY 18	Transistor	50	500	32	13
CNY 21	Transistor	60	10 000	32	11
CNY 50	Transistor	50	5300	50	24
CNY 52	Transistor	50	5300	50	24

Typ	Ausgangs-Beschaltung	Übertra-gungs-verhältnis (%)	Isolations-spannung (V)	Koll./Emitter-Spannung (V)	Bild
CNY 53	Transistor	100	4300	30	24
CNY 57	Transistor	50	4300	30	4
CNY 57 A	Transistor	100	4300	30	4
CNY 62	Transistor	50	5300	50	25
CNY 63	Transistor	100	4300	30	25
CNY 64	Transistor	100	8200	32	12
CNY 65	Transistor	100	11 600	32	14
CNY 66	Transistor	100	15 000	32	15
CNY 75	Transistor	60...320	5300	70	4
CNY 80	Transistor	90	4400	32	4
FCD 810	Transistor	10	1500 AC	20	4
FCD 810 A	Transistor	10	1500	20	4
FCD 810 B	Transistor	10	2500	20	4
FCD 810 C	Transistor	10	5000	20	4
FCD 810 D	Transistor	10	6000	20	4
FCD 820	Transistor	20	1500 AC	30	4
FCD 820 A	Transistor	20	1500	30	4
FCD 820 B	Transistor	20	2500	30	4
FCD 820 C	Transistor	20	5000	30	4
FCD 820 D	Transistor	20	6000	30	4
FCD 825	Transistor	50	1500 AC	30	4
FCD 825 A	Transistor	50	1500	30	4
FCD 825 B	Transistor	50	2500	30	4
FCD 825 C	Transistor	50	5000	30	4
FCD 825 D	Transistor	50	6000	30	4
FCD 830	Transistor	20	1500	30	4
FCD 830 A	Transistor	20	1500 AC	30	4
FCD 830 B	Transistor	20	2500	30	4
FCD 830 C	Transistor	20	5000	30	4
FCD 830 D	Transistor	20	6000	30	4
FCD 831	Transistor	10	1500 AC	30	4
FCD 831 A	Transistor	10	1500	30	4
FCD 831 B	Transistor	10	2500	30	4
FCD 831 C	Transistor	10	5000	30	4
FCD 831 D	Transistor	10	6000	30	4
FCD 836	Transistor	10	1500 AC	20	4
FCD 836 C	Transistor	10	5000	20	4
FCD 836 D	Transistor	10	6000	20	4
FCD 850	Darlington	100	1500	30	5
FCD 850 C	Darlington	100	5000	30	5
FCD 850 D	Darlington	100	6000	30	5
FCD 855	Darlington	100	1500	55	5
FCD 855 C	Darlington	100	5000	55	5

Typ	Ausgangs-Beschaltung	Übertra-gungs-verhältnis (%)	Isolations-spannung (V)	Koll./Emitter-Spannung (V)	Bild
FCD 855 D	Darlington	100	6000	55	5
FCD 860	Darlington	200	1500 AC	30	5
FCD 860 C	Darlington	200	5000	30	5
FCD 860 D	Darlington	200	6000	30	5
FCD 865	Darlington	400	1500 AC	30	5
FCD 865 C	Darlington	400	5000	30	5
FCD 865 D	Darlington	400	6000	30	5
FCD 880	Dual-Trans.	50	4000	65	16
FCD 885	Dual-Trans.	20	4000	65	16
FCD 890	Dual-Darlingt.	200	4000	65	17
H 11 A 1	Transistor	12	2500	30	4
H 11 A 2	Transistor	50	1500	30	4
H 11 A 3	Transistor	20	2500	30	4
H 11 A 4	Transistor	10	1500	30	4
H 11 B 1	Darlington	500	2500	25	5
H 11 B 2	Darlington	200	1500	25	5
H 11 B 3	Darlington	100	1500	30	5
H 11 D 1	Transistor	20	2500	300	4
H 11 D 2	Transistor	20	1500	300	4
H 11 D 3	Transistor	20	1500	200	4
H 11 D 4	Transistor	10	1500	200	4
IL 1	Transistor	20	2500	30	4
IL 12	Transistor	10	1000	30	4
IL 15	Transistor	6	1500	30	4
IL 16	Transistor	6	1500	30	4
IL 74	Transistor	12	1500	20	4
ILD 1	2fach Tr.	20	2500	30	16
ILD 74	2fach Tr.	12,5	1500	20	16
ILCT 6	2fach Tr.	20	1500	65	16
ILQ 1	4fach Tr.	20	2500	30	18
ILQ 74	4fach Tr.	12,5	1500	20	18
MCA 230	Darlington	100	3550	30	5
MCA 231	Darlington	200	3550	30	5
MCA 255	Darlington	400	3550	55	5
MCC 2	Thyristor	–	5000	200	3
MCS 2400	Thyristor	–	5000	400	3
MCS 6200	2fach Thy.	–	1500 DC	120 AC	20
MCS 6201	2fach Thy.	–	2500 DC	120 AC	20
MCT 2	Transistor	60	1500	85	4
MCT 2 E	Transistor	60	2500	85	4
MCT 210	Transistor	70	4000	45	4

Typ	Ausgangs-Beschaltung	Übertragungsverhältnis (%)	Isolationsspannung (V)	Koll./Emitter-Spannung (V)	Bild
MCT 26	Transistor	14	1500	85	4
MCT 4	Transistor	35	1500	30	18
MCT 6	2fach Trans.	50	2500	85	16
MCT 66	2fach Tr.	15	2500	85	16
MCT 271	Transistor	67	3550	45	4
MCT 272	Transistor	115	3550	45	4
MCT 273	Transistor	200	3550	70	4
MCT 274	Transistor	300	3550	70	4
MCT 275	Transistor	125	3550	85	4
MCT 276	Transistor	30	3550	45	4
MCT 277	Transistor	100	2500	45	4
SCD 11 B 1	Darlington	500	5000	30	5
SCD 11 B 2	Darlington	200	5000	30	5
SCD 11 B 3	Darlington	100	5000	30	5
SCD 255	Darlington	100	5000	55	5
SCS 11 C 1	Thyristor	–	5000	200	3
SCS 11 C 3	Thyristor	–	5000	200	3
SCS 11 C 4	Thyristor	–	5000	400	3
SCS 11 C 6	Thyristor	–	5000	400	3
SFH 600	Transistor	40...320	2800	70	4
SFH 601	Transistor	40...320	5300	70	4
SFH 609	Transistor	40...200	5300	90	4
SPX 2 E	Transistor	30	5000	30	4
SPX 6	Transistor	50	5000	30	4
SPX 26	Transistor	10	3500	30	4
SPX 33	Transistor	30	3500	30	4
SPX 35	Transistor	100	5000	30	4
SPX 53	Transistor	50	3500	30	4
SPX 103	Transistor	100	3500	30	4
SPX 7110	Transistor	10	5000	30	4
SPX 7130	Transistor	30	5000	30	4
SPX 7150	Transistor	50	5000	30	4
SPX 7270	Transistor	50	5000	30	4
SPX 7271	Transistor	90	5000	30	4
SPX 7272	Transistor	150	5000	30	4
SPX 7273	Transistor	250	5000	30	4
SPX 7530	Transistor	75	5000	30	4
SPX 7550	Transistor	125	5000	30	4
SPX 7590	Transistor	200	5000	30	4
SPX 7910	Schm. Trigger	–	5000	$4,5...16\,V_{CC}$	6
SPX 7911	Schm. Trigger	–	5000	$4,5...16_{CC}$	6
SPX 7912	Schm. Trigger	–	5000	$4,5...16_{CC}$	7
SU 25	Transistor	40	2500	20	4

Typ	Ausgangs-Beschaltung	Übertragungs-verhältnis (%)	Isolations-spannung (V)	Koll./Emitter-Spannung (V)	Bild
TIL 102	Transistor	25	1000	35	21
TIL 103	Transistor	100	1000	35	21
TIL 111	Transistor	12	1500	30	4
TIL 112	Transistor	–	1500	20	4
TIL 113	Darlington	300	1500	30	5
TIL 114	Transistor	12	2500	30	4
TIL 115	Transistor	–	1500	20	4
TIL 116	Transistor	20	2500	30	4
TIL 117	Transistor	50	2500	30	4
TIL 118	Transistor	10	1500	20	4
TIL 119	Darlington	300	1500	30	5
TIL 124	Transistor	–	5000	30	4
TIL 125	Transistor	–	5000	30	4
TIL 126	Transistor	–	5000	30	4
TIL 127	Darlington	300	5000	30	5
TIL 128	Darlington	300	5000	30	5
TIL 153	Transistor	–	2500	30	4
TIL 154	Transistor	–	2500	30	4
TIL 155	Transistor	–	2500	30	4
TIL 156	Darlington	300	2500	30	5
TIL 157	Darlington	300	2500	30	5

Optokoppler Anschlußbelegungen

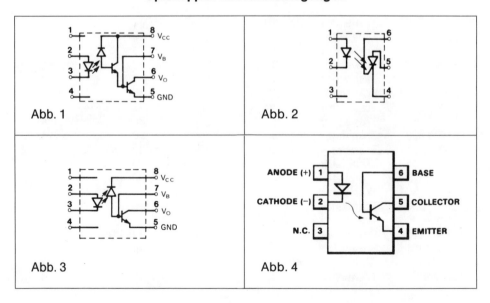

Abb. 1

Abb. 2

Abb. 3

Abb. 4

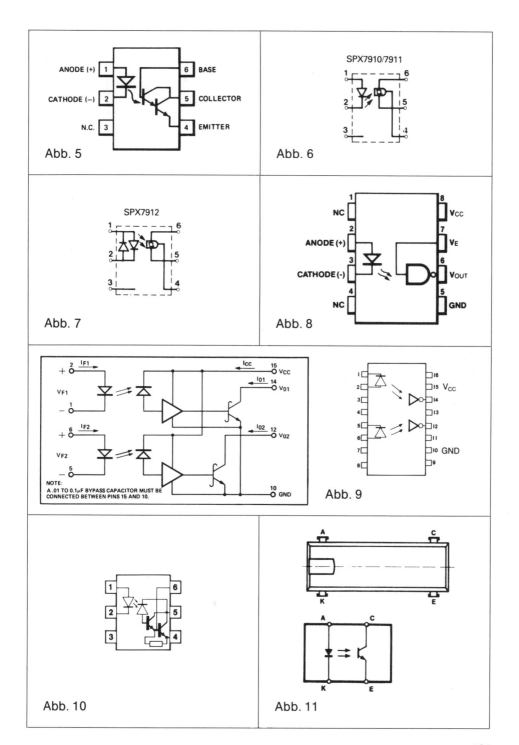

Abb. 5

Abb. 6

SPX7910/7911

SPX7912

Abb. 7

Abb. 8

NOTE:
A .01 TO 0.1μF BYPASS CAPACITOR MUST BE
CONNECTED BETWEEN PINS 15 AND 10.

Abb. 9

Abb. 10

Abb. 11

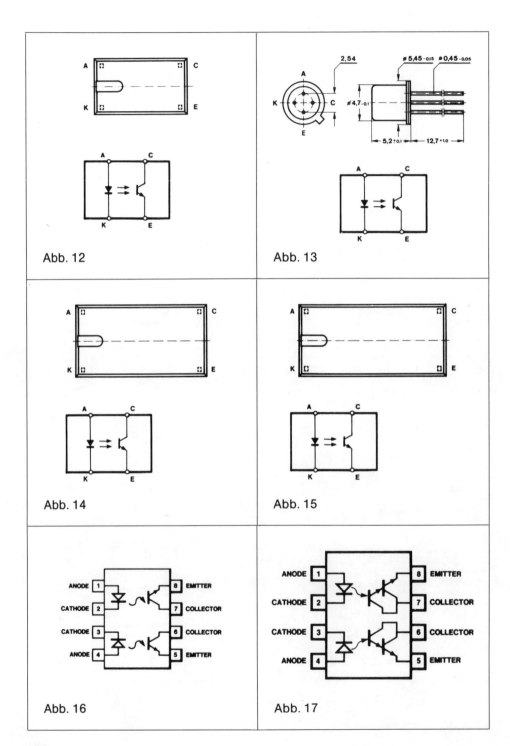

Abb. 12

Abb. 13

Abb. 14

Abb. 15

Abb. 16

Abb. 17

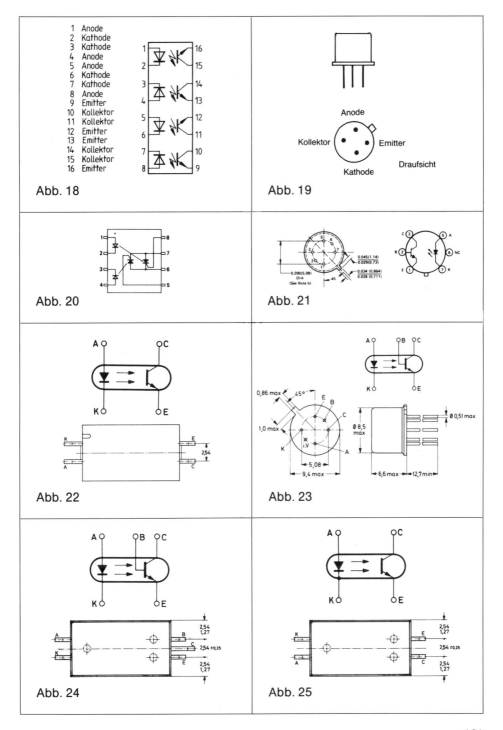

1 Anode	
2 Kathode	
3 Kathode	
4 Anode	
5 Anode	
6 Kathode	
7 Kathode	
8 Anode	
9 Emitter	
10 Kollektor	
11 Kollektor	
12 Emitter	
13 Emitter	
14 Kollektor	
15 Kollektor	
16 Emitter	

Abb. 18

Anode

Kollektor   Emitter

Kathode   Draufsicht

Abb. 19

Abb. 20

0.045(1,14)
0.029(0,73)

0.200(5,08)
DIA
(See Note b)

0.034 (0,864)
0.028 (0,711)

45

C   5   A
B   NC
E   K

Abb. 21

A   C

K   E

K   E
2,54
A   C

Abb. 22

A   B   C

K   E

0,86 max   45°
E   B
C
1,0 max   Ø 8,5 max
K   i.V   A

5,08
9,4 max

Ø 0,51 max

6,6 max   12,7 min

Abb. 23

A   B   C

K   E

A   2,54
1,27
B
C   2,54 ±0,25
K
E   2,54
1,27

Abb. 24

A   C

K   E

K   2,54
1,27
E
2,54 ±0,25
A
C   2,54
1,27

Abb. 25

CNY 17 Optokoppler

Der Optokoppler CNY 17 besitzt als Sender eine GaAS-Lumineszenzdiode, die optisch mit einem Silizium-Planar-Fototransistor als Empfänger gekoppelt ist.
Das Koppelelement ermöglicht die Übertragung von Signalen zwischen zwei galvanisch getrennten Stromkreisen. Der Potentialunterschied zwischen zu koppelnden Schaltungen darf die max. zulässige Isolationsspannung von 4400 V– (max. 1 min.) nicht überschreiten.

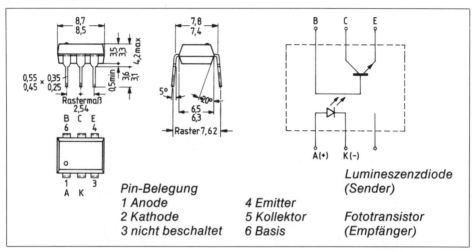

Pin-Belegung
1 Anode
2 Kathode
3 nicht beschaltet
4 Emitter
5 Kollektor
6 Basis

Lumineszenzdiode
(Sender)

Fototransistor
(Empfänger)

Elektrische Kenngrößen

Sender		Min.	Typ.	Max.	
Durchlaßspannung (I_F = 50 mA)	U_F		1,25	1,6	V
Durchbruchspannung (I_R = 100 μA)	$U(BR)$	5			V
Empfänger					
Kollektor-Emitter-Durchbruchspannung (I_C = 1 mA)	$U(BR)CEO$	32			V
Emitter-Kollektor-Durchbruchspannung (I_E = 100 μA)	$U(BR)ECO$	5			V
Kollektorstrom (U_{CE} = 20 V, I_F = 0, E = 0)	I_{CEO}		10	200	nA
Koppelelement					
Kollektorstrom (I_F = 20 mA, U_{CE} = 5 V)	I_C	0,3	0,5		mA
Übersprechstrom (I_F = 20 mA, U_{CE} = 5 V)	I_{CX}			200	nA
Kollektor-Emitter-Sättigungsspannung (I_F = 20 mA, I_C = 0,1 mA)	U_{CEsat}			0,3	V

CNY 18 Optokoppler

Aufbau *Emitter:* GaAs-IR-Lumineszenzdiode;
        Detektor: Silizium-NPN-Epitaxial-Planar-Fototransistor

Anwendung: Galvanische Trennung von Stromkreisen, rückwirkungsfreier Schalter

Besondere Merkmale: Hermetisches Gehäuse – Isolationsprüfspannung 500 V– Kleine Koppelkapazität-Koppelfaktor typ. 0,5 – geringer Temperaturkoeffizient des Koppelfaktors.

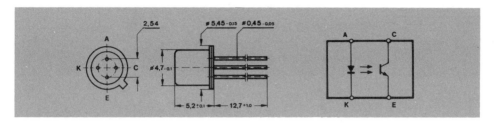

Elektrische Kenngrößen

Sender: Durchlaßspannung (I_F = 60 mA) U_F = 1,25 V
Sperrstrom (U_R = 3 V) I_R = 10 μA
Empfänger: Kollektor-Emitter Durchbruch-
spannung (I_C = 1 mA) $U_{(BR)\,CEO}$ = 32 V

Kollektor-Dunkelstrom (U_{CE} = 10 V, I_F = 0, E = 0) I_{CEO} = 2 nA

Koppelelement

Gruppe	Kollektorstrom I_C U_{CE} = 5 V, I_F = 10 mA	Koppelfaktor k U_{CE} = 5 V, I_F = 10 mA
III	min. 2,5...max. 5,0	min. 0,25...max. 0,5
IV	min. 4,0...max. 8,0	min. 0,4 ...max. 0,8
V	min. 6,0...max. 12,0	min. 0,6 ...max. 1,2
VI	min. 10,0...max. 20,0	min. 1,0 ...max. 2,0

Isolationswiderstand (U_{is} = 500 V) R_{is} min. $10^{10}\,\Omega$
Kollektor-Emitter Sättigungsspannung
(I_C = 1 mA, I_F = 10 mA) U_{CEsat} max. 0,2 V
Grenzfrequenz
(U_{CE} = 5 V, I_F = 10 mA, R_L = 100 Ω) f_g typ. 170 kHz

CNY 21

Aufbau *Emitter:* GaAs-IR-Lumineszenzdiode;
  Detektor: Silizium-NPN-Epitaxial-Planar-Fototransistor.
Anwendung: Galvanische Trennung von Stromkreisen, rückwirkungsfreier Schalter. Isolationsprüfspannung 10 kV–, Nenn-Isolations-Betriebsspannung 1500 V; kleine Koppelkapazität typ. 0,3 pF; Koppelfaktor typ. 0,6.

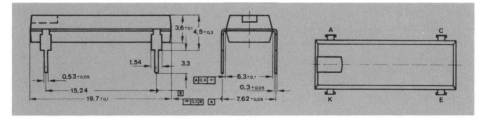

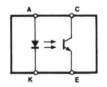

CNY 21

Elektrische Kenngrößen
Sender
Durchlaßspannung (I_F = 50 mA) U_F = 1,25 V
Durchbruchspannung (I_R = 100 μA) U_{BR} = 5 V

Empfänger
Kollektor-Emitter-Durchbruchspannung (I_C = 1 mA)   U(BR) CEO min. 32 V
Kollektor-Dunkelstrom (U_{CE} = 20 V, I_F = 0) I_{CEO} typ. 10 nA

Koppelelement
Kollektorstrom (I_F = 10 mA, U_{CE} = 5 V) I_C typ. 5 mA
Koppelfaktor (I_F = 10 mA, U_{CE} = 5 V)   k typ. 0,6

MCS 2, MCS 2400 Optokoppler mit Fotothyristor

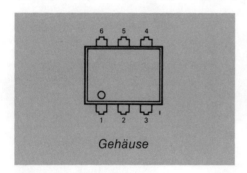

Gehäuse

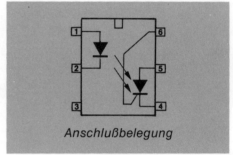

Anschlußbelegung

Technische Daten: **MCS 2**   **MCS 2400**

IR-Diode

	MCS 2	MCS 2400
Durchlaßspannung V_F	1,25 V	1,25 V
Durchlaßstrom I_F	20 mA	20 mA
Isolationsspannung	3550 V DC 1 sec	3550 V DC 1 sec
Spannung an Anode	200 V max.	400 V max.
Verlustleistung	200 mW max.	200 mV max.
Anodenstrom	150 mA max.	100 mA max.
Gate Trigger-Spannung	0,5 V	0,6 V
Gate Trigger-Strom	19 μA	23 μA

126

ILCT-6, ILD-74, ILD-1, ILQ-1, ILQ-74

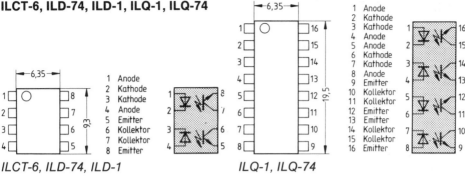

ILCT-6, ILD-74, ILD-1   *ILQ-1, ILQ-74*

Technische Daten

Typ	Strom-über-tragungs-verhältnis (IF = 10 mA)%	Isolations-durch-bruch-spannung U_{BR} (V)	Lumineszenzdiode Durchlaß-strom I_F (mA)	Sperr-spannung U_R (V)	Fototransistor Kollek-torstrom (U_{CE} = 10 V) I_{CEO} (mA)	Koll.-Spanng. U_{CEO} (V)
ILCT-6	> 20	1500	60	5	< 100	65
ILD-74	> 12,5	1500	100	1,3	< 500	20
ILD-1	> 20	2500	100	1,3	< 50	30
ILQ-1	> 20	2500	100	1,3	< 50	30
ILQ-74	> 12,5	1500	100	1,3	< 500	20

4 N 25, 4 N 26, 4 N 27, 4 N 28

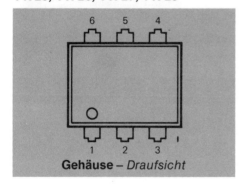

Gehäuse – *Draufsicht*

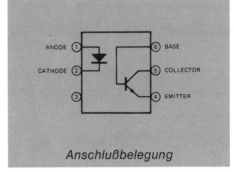

Anschlußbelegung

Aufbau *Emitter:* GaAs-IR-Lumineszenzdiode
        Detektor: Silizium-NPN-Epitaxial-Planar-Fototransistor

Isolationsprüfspannung:
4 N 25-U_{is} = 2,5 kV, 4 N 26-U_{is} = 1,5 kV, 4 N 27-U_{is} = 1,5 kV
4 N 28-U_{is} = 0,5 kV, Koppelfaktor typ. 0,3/0,5

4 N 25, 4 N 26, 4 N 27, 4 N 28

Kenndaten

IR-Diode
Durchlaßspannung (I_F = 50 mA) U_F typ. 1,25 V
Durchbruchspannung (I_R = 100 μA) $U_{(BR)}$ min. 5 V

Empfänger
Kollektor-Emitter-Durchbruchspannung (I_C = 1 mA) $U_{(BR)}$ CBO min. 30 V
Kollektorreststrom (U_{CE} = 10 V, I_F = 0, E = 0) I_{CEO} typ. 3,5 nA

Koppelelement
Isolationsprüfspannung (t = 1 min.) 4 N 25 U_{is} 2,5 kV
 4 N 26, 4 N 27 U_{is} 1,5 kV
 4 N 28 U_{is} 0,5 kV
Kollektorstrom (I_F = 10 mA, U_{CE} = 10 V) 4 N 25, 4 N 26 I_C typ. 5 mA
 4 N 27, 4 N 28 I_C typ. 3 mA
Koppelfaktor (I_F = 10 mA) 4 N 25, 4 N 26 k typ. 0,5
 4 N 27, 4 N 28 k typ. 0,3

4 N 29, 4 N 30, 4 N 31, 4 N 32, 4 N 33

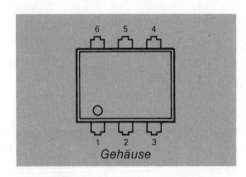

Gehäuse

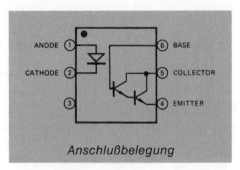

Anschlußbelegung

Optokoppler mit GaAs-IR-Lumineszenzdiode und Planar Foto-Darlington-Transistor

Kenndaten
IR-Diode: V_F = 1,2 bis 1,5 V I_F = 50 mA
Fototransistor: Kollektor-Basis Durchbruchspannung B_{VCBO} 30 Volt
Kollektor-Emitter Durchbruchspannung B_{VCEO} 30 V
Emitter-Kollektor Durchbruchspannung B_{VECO} 5 V

Kollektor-Ausgangsstrom:
4 N 29, 4 N 30: I_C = 10 mA
4 N 31: I_C = 5 mA
4 N 32, 4 N 33: I_C = 50 mA

Isolationsspannung:
4 N 30, 4 N 31, 4 N 33: 1500 V
4 N 29, 4 N 32: 2500 V

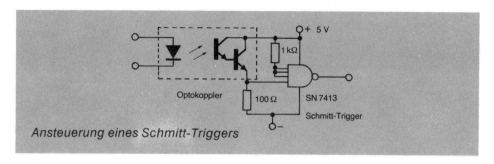

Ansteuerung eines Schmitt-Triggers

4 N 35, 4 N 36, 4 N 37

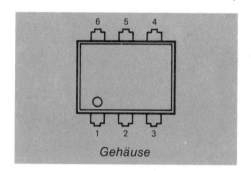

Gehäuse

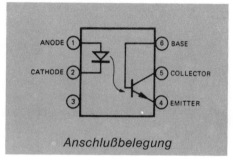

Anschlußbelegung

Aufbau *Emitter:* GaAs-IR Lumineszenzdiode
      Detektor: Silizium-NPN-Epitaxial-Planar-Fototransistor

Isolationsprüfspannung:
4 N 35-U_{is} = 3,55 kV, 4 N 36-U_{is} = 2,5 kV, 4 N 37-U_{is} = 1,5 kV
Koppelfaktor typ. > 1

Kenndaten
Sender
Durchlaßspannung (I_F = 10 mA)   typ. 1,2 V
Durchbruchspannung (I_R = 10 μA)   min. 6 V

Empfänger
Kollektor-Emitter-Durchbruchspannung (I_C = 10 mA) $U_{(BR)CEO}$ min. 30 V

Koppelelement
Isolationsprüfspannung
(I_{is} = 100 μA, t_p = 8 ms)   4 N 35 U_{is} min. 3,55 kV
                                              4 N 36 U_{is} min. 2,5 kV
                                              4 N 37 U_{is} min. 1,5 kV

Kollektorstrom (I_F = 10 mA, U_{CE} = 10 V) I_C min. 10 mA
Kollektor-Emitter-Sättigungsspannung
(I_F = 10 mA, I_C = 0,5 mA) U_{CEsat} max. 0,3 V
Grenzfrequenz (I_F = 10 mA, I_C = 0,5 mA) f_g 110 kHz

129

6 N 138, 6 N 139 (MCC670, MCC671)

Optokoppler mit Darlington-Transistoren, getrennten Kollektoranschlüssen
(Pin 7; Pin 8)

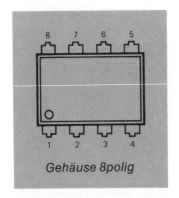

Gehäuse 8polig

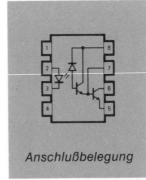

Anschlußbelegung

Pin
1 nicht beschaltet
2 LED Anode (+)
3 LED Kathode (–)
4 nicht beschaltet
5 Emitter (Masse)
6 Kollektor (Ausgang)
7 Basis
8 Betriebsspannung

Technische Daten

Eing. Verlustleistung: 35 mW
Ausgangsstrom (Pin 6): 60 mA
Basis-Emitter Diff.Spannung
(Pin 5–7):

Betriebs- u. Ausgangsspannung
(Pin 8–5) (Pin 6–5)
6 N 138 – 0,5 bis 7 V
6 N 139 – 0,5 bis 18 V
Ausgangsverlustleistung: 100 mW

Anwendungsschaltung mit Optokopplern

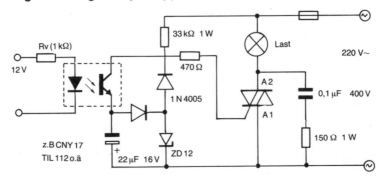

Durch Optokoppler ist die Schaltung elektrisch vom Steuerkreis isoliert

Anwendungsschaltung Optokoppler und Fotothyristor

Die nachfolgende Abbildung zeigt eine bewährte Nulldurchgangsschaltung, die
eine problemlose Steuerung hochlastiger Verbraucher erlaubt. Wenn T 1 sperrt,
läßt der Thyristor den Gate-Strom des Triacs, der über R 1 aus dem Netz geliefert
wird, durch.

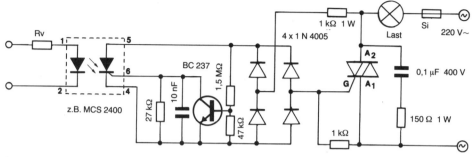

Nulldurchgangsschaltung

Halbwellensteuerung

Nachfolgende Abb. zeigt die Schaltung einer Halbwellensteuerung mit einem Thyristor. Die Stromversorgung erfolgt hier über den Vorwiderstand Rv vom Netz. Mit der Diode D1N 4005 wird die Verlustleistung in Rv halbiert. Die Zenerdiode begrenzt die Sperrspannung am Kollektor des Fototransistors.

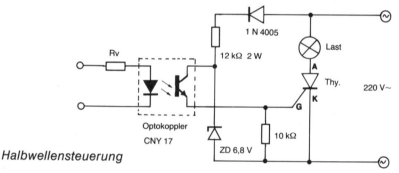

Halbwellensteuerung

Triacsteuerung über Optokoppler

Bei Triacs mit hohem Gate-Strom ist es erforderlich, zusätzlich zur Gate-Ansteuerung einen separaten Transistor zu verwenden, nachfolgend wird das Schaltbild dieser Schaltungsart vorgestellt.

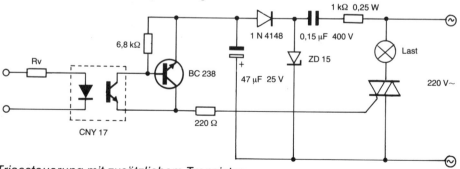

Triacsteuerung mit zusätzlichem Transistor

8. 7-Segment-Anzeigen

Displays

LED-Displays sind optoelektronische Anzeigen, mit denen Zahlen, Zeichen und Symbole dargestellt werden.

Im Handel gibt es derzeit -zig verschiedene Ausführungen von 7-Segment-Anzeigen. Am meisten Verwendung finden Displays mit gemeinsamer Anode, da diese unmittelbar von einem Decoder 7447 gesteuert werden können.

Das Typenspektrum unterscheidet von ein- und mehrstelligen Displays sowie verschiedene Größen (Ziffernhöhe von ca. 7 mm...20 mm), ebenso Displays verschiedener Farben, z. B. rot, grün, gelb und orange.

Je nach Hersteller gibt es ebenso Displays mit verschiedenen Pinbelegungen, gemeinsamer Anode oder Kathode, sowie mit Dezimalpunkt links oder rechts.

Für die Anzeige alphanumerischer Symbole (Buchstaben und Ziffern) werden Anzeigen mit 14 oder auch 16 Segmenten eingesetzt.

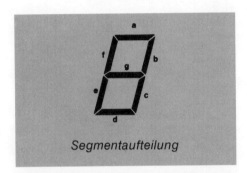

Segmentaufteilung

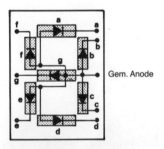

Aufbau und Anschlüsse einer 7-Segment-Display-Anzeige.

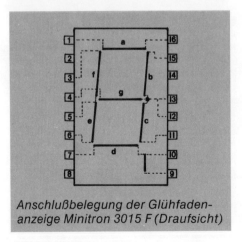

Anschlußbelegung der Glühfaden-anzeige Minitron 3015 F (Draufsicht)

Minitron 3015 F

Diese 7-Segment-Anzeige ist eine sogenannte Glühfadenanzeige, deren Anschlüsse in eine 16polige Dual-in-line-Fassung passen. Die Stromaufnahme pro Segment beträgt ca. 10 mA, die Betriebsspannung 5 V und wird ohne Vorwiderstand betrieben.
Sie ist für Gleich- und Wechselstrom gleichermaßen geeignet.

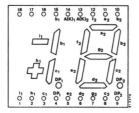

CQX 86 A – CQX 88 A – CQX 90 A – CQX 92 A
CQX 86 K – CQX 88 K – CQX 90 K – CQX 92 K

7-Segment-Anzeige – 13 mm
1½stellig mit + und – zeichen
A = gemeinsame Anode
K = gemeinsame Kathode, Dezimalpunkt rechts
Durchlaßspannung: ca. 1,65 V...3,2 V
Segmentstrom: I_F = Typ 20 mA

CQX 86 A = rot	CQX 86 K = rot
CQX 88 A = orange	CQX 88 K = orange
CQX 90 A = grün	CQX 90 K = grün
CQX 92 A = gelb	CQX 92 K = gelb

Anschlußbelegung

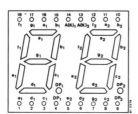

CQX 87 A – CQX 89 A – CQX 91 A – CQX 93 A
CQX 87 K – CQX 89 K – CQX 91 K – CQX 93 K

7-Segment-Anzeige, 2stellig, 13 mm,
A = gemeinsame Anode
K = gemeinsame Kathode, Dezimalpunkt rechts,
Durchlaßspannung: ca. 1,65...3,2 V
Segmentstrom: I_F = Typ 20 mA

CQX 87 A = rot	CQX 87 K = rot
CQX 89 A = orange	CQX 89 K = orange
CQX 91 A = grün	CQX 91 K = grün
CQX 93 A = gelb	CQX 93 K = gelb

DL 527, DL 528, DLO 527, DLO 528

DLO-527   DL -527

1	e	Kathode Nr. 1
2	d	Kathode Nr. 1
3	c	Kathode Nr. 1
4	dp	Kathode Nr. 1
5	e	Kathode Nr. 2
6	d	Kathode Nr. 2
7	g	Kathode Nr. 2
8	c	Kathode Nr. 2
9	dp	Kathode Nr. 2
10	b	Kathode Nr. 2
11	a	Kathode Nr. 2
12	f	Kathode Nr. 2
13	gemeinsame Anode Nr. 2	
14	gemeinsame Anode Nr. 1	

15	b	Kathode Nr. 1
16	a	Kathode Nr. 1
17	g	Kathode Nr. 1
18	f	Kathode Nr. 1

DL -528
DLO-528

1	e	Anode Nr. 1
2	d	Anode Nr. 1
3	c	Anode Nr. 1
4	dp	Anode Nr. 1
5	e	Anode Nr. 2

6	d	Anode Nr. 2
7	g	Anode Nr. 2
8	c	Anode Nr. 2
9	dp	Anode Nr. 2
10	b	Anode Nr. 2
11	a	Anode Nr. 2
12	f	Anode Nr. 2
13	gemeinsame Kathode Nr. 2	
14	gemeinsame Kathode Nr. 1	
15	b	Anode Nr. 1
16	a	Anode Nr. 1
17	g	Anode Nr. 1
18	f	Anode Nr. 1

DL 527

LED-Anzeige 12,7 mm Symbolhöhe,
2stellig, rot, gem. Anode 0 bis 99,
Segmentstrom
(typ. I_F = 20 mA, U_F = 1,7 V)
DLO 527, orange,
technische Daten wie DL 527

DL 528

LED-Anzeige 12,7 mm Symbolhöhe,
2stellig, rot, gem. Kathode 0 bis 99,
Segmentstrom
(typ. I_F = 20 mA, U_F = 1,7 V)
DLO 528 orange,
technische Daten wie DL 528

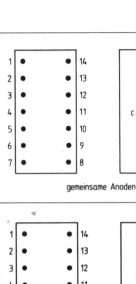

DL-701

Pin	Function
1	gemeinsame Anode cd
2	frei
3	frei
4	frei
5	frei
6	frei
7	Kathode d
8	Kathode c
9	frei
10	Kathode b
11	Kathode a
12	frei
13	frei
14	gemeinsame Anode ab

gemeinsame Anoden

DL 701

DL 701, rot, gem. Anode ±,
Dezimalpunkt rechts,
Segmentstrom 30 mA,
Durchlaßspannung
(I_F = 20 mA, U_F 1,7 V)

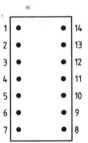

DL-702

Pin	Function
1	Anode f
2	Anode g
3	Anode e
4	Kathode dp
5	frei
6	Anode dp
7	Anode d
8	Anode c
9	frei
10	frei
11	frei
12	gemeinsame Kathode
13	Anode b
14	Anode e

gemeinsame Kathode

DL 702

DL 702, rot, gem. Anode 0
bis 9, Dezimalpunkt links,
Segmentstrom 30 mA,
Durchlaßspannung
(I_F = 20 mA, U_F 1,7 V)

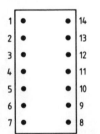

DL-704

Pin	Function
1	Anode f
2	Anode g
3	frei
4	gemeinsame Kathode
5	frei
6	Anode e
7	Anode d
8	Anode c
9	Anode dp
10	frei
11	frei
12	gemeinsame Kathode
13	Anode b
14	Anode a

gemeinsame Kathode

DL 704/DL 304

DL 704, rot, gem. Kathode 0
bis 9, Dezimalpunkt rechts,
Segmentstrom 30 mA,
Durchlaßspannung
(I_F = 20 mA, U_F 1,7 V)
DL 704 entspricht: DL 304,
MAN 74 A

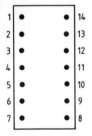

DL-707

Pin	Function
1	Kathode a
2	Kathode f
3	gemeinsame Anode
4	frei
5	frei
6	Kathode dp
7	Kathode e
8	Kathode d
9	gemeinsame Anode
10	Kathode c
11	Kathode g
12	frei
13	Kathode b
14	gemeinsame Anode

gemeinsame Anoden

DL 707/DL 307

DL 707, rot, gem. Anode 0
bis 9, Dezimalpunkt links,
Segmentstrom 30 mA,
Durchlaßspannung
(I_F = 20 mA, U_F 1,7 V)
DL 707 entspricht: DL 307,
XAN 72, MAN 72,
jedoch Pin 9 nicht belegt.

DL 707 R

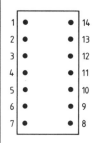
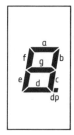

gemeinsame Anoden

1	Kathode a
2	Kathode f
3	gemeinsame Anode
4	frei
5	frei
6	Kathode dp
7	Kathode e
8	Kathode d
9	gemeinsame Anode
10	Kathode c
11	Kathode g
12	frei
13	Kathode b
14	gemeinsame Anode

DL 707 R, rot, gem. Anode 0 bis 9, Dezimalpunkt rechts, Segmentstrom 30 mA, Durchlaßspannung (I_F = 20 mA, U_F 1,7 V),

---

DL 721/722

1	Kathode c (Nr. 1)	1	Anode d (Nr. 1)
2	Kathode d (Nr. 1)	2	Anode c (Nr. 1)
3	Kathode b (Nr. 1)	3	Anode b (Nr. 1)
4	Kathode dp (Nr. 1)	4	Anode dp (Nr. 1)
5	Kathode e (Nr. 2)	5	Anode e (Nr. 2)
6	Kathode d (Nr. 2)	6	Anode d (Nr. 2)
7	Kathode g (Nr. 2)	7	Anode g (Nr. 2)
8	Kathode c (Nr. 2)	8	Anode c (Nr. 2)
9	Kathode dp (Nr. 2)	9	Anode dp (Nr. 2)
10	Kathode b (Nr. 2)	10	Anode b (Nr. 2)
11	Kathode a (Nr. 2)	11	Anode a (Nr. 2)
12	Kathode f (Nr. 2)	12	Anode f (Nr. 2)
13	Anode Ziffer (Nr. 2)	13	gemeinsame Kathode Nr. 2
14	Anode dp (Nr. 1)	14	Kathode dp (Nr. 1)
15	Kathode a (Nr. 1)	15	Anode a (Nr. 1)
16	Anode a, b (Nr. 1)	16	gemeinsame Kathode a, b (Nr. 1)
17	frei	17	frei
18	Anode c, d (Nr. 1)	18	gemeinsame Kathode c, d (Nr. 1)

DL 721, LED-Anzeige, 12,7 mm Symbolhöhe, 2stellig, gem. Anode ± 0 bis 19, Dezimalpunkt rechts (I_F = 20 mA, U_F 1,7 V)

DL 722 wie DL 721,
jedoch gem. Kathode

DL 727/728

1	e Kathode (Nr. 1)	1	e Anode (Nr. 1)
2	d Kathode (Nr. 1)	2	d Anode (Nr. 1)
3	c Kathode (Nr. 1)	3	c Anode (Nr. 1)
4	dp Kathode (Nr. 1)	4	dp Anode (Nr. 1)
5	e Kathode (Nr. 2)	5	e Anode (Nr. 2)
6	d Kathode (Nr. 2)	6	d Anode (Nr. 2)
7	g Kathode (Nr. 2)	7	g Anode (Nr. 2)
8	c Kathode (Nr. 2)	8	c Anode (Nr. 2)
9	dp Kathode (Nr. 2)	9	dp Anode (Nr. 2)
10	b Kathode (Nr. 2)	10	b Anode (Nr. 2)
11	a Kathode (Nr. 2)	11	a Anode (Nr. 2)
12	f Kathode (Nr. 2)	12	f Anode (Nr. 2)
13	Anode Nr. 2	13	gemeinsame Kathode Nr. 2
14	Anode Nr. 1	14	gemeinsame Kathode Nr. 1
15	b Kathode (Nr. 1)	15	b Anode (Nr. 1)
16	a Kathode (Nr. 1)	16	a Anode (Nr. 1)
17	g Kathode (Nr. 1)	17	g Anode (Nr. 1)
18	f Kathode (Nr. 1)	18	f Anode (Nr. 1)

DL 727 rot, gem. Anode, 0 bis 99, Dezimalpunkt rechts, Segmentstrom (I_F = 20 mA, U_F 1,7 V)

DL 728 wie DL 727,
jedoch gem. Kathode.

DL 746

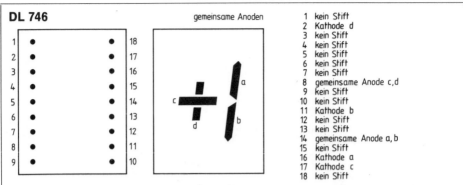

gemeinsame Anoden

1 •	• 18	1	kein Stift
2 •	• 17	2	Kathode d
3 •	• 16	3	kein Stift
4 •	• 15	4	kein Stift
5 •	• 14	5	kein Stift
6 •	• 13	6	kein Stift
7 •	• 12	7	kein Stift
8 •	• 11	8	gemeinsame Anode c,d
9 •	• 10	9	kein Stift
		10	kein Stift
		11	Kathode b
		12	kein Stift
		13	kein Stift
		14	gemeinsame Anode a,b
		15	kein Stift
		16	Kathode a
		17	Kathode c
		18	kein Stift

DL 746, LED-Anzeigen, 16 mm Symbolhöhe, 1stellig, rot, gem. Anode ± Segmentstrom (typ. I_F = 20 mA, U_F 3,4 V) Abm. 21 × 8,5 mm

DL 747, DL 847

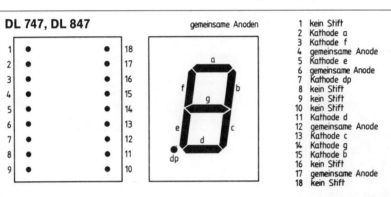

gemeinsame Anoden

1 •	• 18	1	kein Stift
2 •	• 17	2	Kathode a
3 •	• 16	3	Kathode f
4 •	• 15	4	gemeinsame Anode
5 •	• 14	5	Kathode e
6 •	• 13	6	gemeinsame Anode
7 •	• 12	7	Kathode dp
8 •	• 11	8	kein Stift
9 •	• 10	9	kein Stift
		10	kein Stift
		11	Kathode d
		12	gemeinsame Anode
		13	Kathode c
		14	Kathode g
		15	Kathode b
		16	kein Stift
		17	gemeinsame Anode
		18	kein Stift

DL 747, Anzeige, 16 mm Symbolhöhe, 1stellig, rot, gem. Anode 0 bis 9, Dezimalpunkt links, Segmentstrom (typ. I_F = 20 mA, U_F 3,4 V) DL = 20 mm Symbolhöhe

DL 749

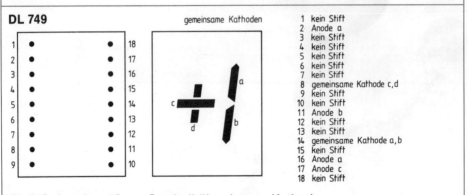

gemeinsame Kathoden

1 •	• 18	1	kein Stift
2 •	• 17	2	Anode a
3 •	• 16	3	kein Stift
4 •	• 15	4	kein Stift
5 •	• 14	5	kein Stift
6 •	• 13	6	kein Stift
7 •	• 12	7	kein Stift
8 •	• 11	8	gemeinsame Kathode c,d
9 •	• 10	9	kein Stift
		10	kein Stift
		11	Anode b
		12	kein Stift
		13	kein Stift
		14	gemeinsame Kathode a,b
		15	kein Stift
		16	Anode a
		17	Anode c
		18	kein Stift

DL 749, Anzeige, 16 mm Symbolhöhe, ± gem. Kathode, Segmentstrom (typ. I_F = 20 mA, U_F 3,4 V)

DL 750, DL 850

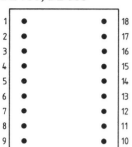

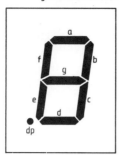

gemeinsame Kathoden

Pin	Funktion
1	kein Stift
2	Anode a
3	Anode f
4	gemeinsame Kathode
5	Anode e
6	gemeinsame Kathode
7	Anode Dezimalpunkt dp
8	kein Stift
9	kein Stift
10	kein Stift
11	Anode d
12	gemeinsame Kathode
13	Anode c
14	Anode g
15	Anode b
16	kein Stift
17	gemeinsame Kathode
18	kein Stift

DL 750, Anzeige, 16 mm Symbolhöhe, 1stellig, rot, gem. Kathode 0 bis 9, Dezimalpunkt links, Segmentstrom (typ. I_F = 20 mA, U_F 3,4 V)
DL 850 = 20 mm Symbolhöhe

DL 3400, DL 3405   *277 x 19.8*

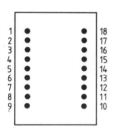

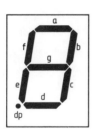

Pin	Funktion	Pin	Funktion
1	kein Stift	1	kein Stift
2	Kathode a	2	Anode a
3	Kathode f	3	Anode f
4	Anode	4	Kathode
5	Kathode e	5	Anode e
6	Anode	6	Kathode dp
7	Kathode dp	7	Anode
8	kein Stift	8	kein Stift
9	kein Stift	9	kein Stift
10	kein Stift	10	kein Stift
11	Kathode d	11	Anode d
12	Anode	12	Kathode
13	Kathode c	13	Anode c
14	Kathode g	14	Anode g
15	Kathode b	15	Anode b
16	kein Stift	16	kein Stift
17	Anode	17	Kathode
18	kein Stift	18	kein Stift

DL 3400, LED-Anzeige, 20 mm Symbolhöhe, 1stellig, gem. Anode 0 bis 9, Dezimalpunkt links, Segmentstrom 50 mA (typ. I_F = 20 mA, U_F 1,6 V)
DL 3405 wie DL 3400, jedoch gem. Kathode

DL 3401/3403

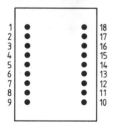

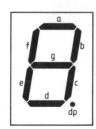

Pin	Funktion	Pin	Funktion
1	kein Stift	1	kein Stift
2	Kathode a	2	Anode a
3	Kathode f	3	Anode f
4	Anode	4	Kathode
5	Kathode e	5	Anode e
6	Anode	6	Kathode
7	frei	7	frei
8	kein Stift	8	kein Stift
9	kein Stift	9	kein Stift
10	Kathode dp	10	Anode dp
11	Kathode d	11	Anode d
12	Anode	12	Kathode
13	Kathode c	13	Anode c
14	Kathode g	14	Anode g
15	Kathode b	15	Anode b
16	kein Stift	16	kein Stift
17	Anode	17	Kathode
18	kein Stift	18	kein Stift

DL 3401, LED-Anzeige, 20 mm Symbolhöhe, 1stellig, gem. Anode 0 bis 9, Dezimalpunkt rechts, Segmentstrom 50 mA (typ. I_F = 20 mA, U_F 1,6 V)
DL 3403 wie DL 3401, jedoch gem. Kathode

DL 3406

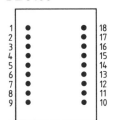 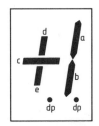

1	kein Stift	14	Anode c
2	Kathode a	15	Anode a
3	Anode d	16	kein Stift
4	Kathode d	17	Kathode a
5	Kathode c	18	kein Stift
6	Kathode e		
7	Anode e		
8	Kathode dp		
9	kein Stift		
10	Anode dp		
11	Kathode dp		
12	Kathode b		
13	Anode b		

DL 3406, LED-Anzeige, 20 mm ± 1 Dezimalpunkt rechts, Polarität, Anode und Kathode der Segmente einzeln herausgeführt. Segmentstrom 50 mA (typ. I_F = 20 mA, U_F 1,6 V). Abm. 27,7 × 19,8 mm.

FND 350, FND 357, FND 360, FND 367

Symbolhöhe 9.19 × 4,87
Aussenmasse 14,14 7,36

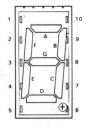

PIN FND 357/367	FND 350/360
1 Gem. Kathode	Gem. Anode
2 Segment F	Segment F
3 Segment G	Segment G
4 Segment E	Segment E
5 Segment D	Segment D
6 Gem. Kathode	Gem. Anode
7 Dezimalpunkt	Dezimalpunkt
8 Segment C	Segment C
9 Segment B	Segment B
10 Segment A	Segment A

Display rot, Lichtstärke (mcd)
FND 357   gem. Kathode 450 mcd
FND 367   gem. Kathode 900 mcd

FND 350   gem. Anode 450 mcd
FND 360   gem. Anode 900 mcd

FND 358, FND 368

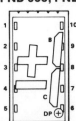

Pinbelegung
1 Gem. Kathode
2 Pluszeichen
3 Minuszeichen
4 N.C.
5 Nicht belegt
6 Gem. Kathode
7 Dezimalpunkt
8 Segment C
9 Segment B
10 N.C.

Display rot
FND 358, Lichtstärke 450 mcd
FND 368, Lichtstärke 900 mcd

FND 500, FND 507, FND 560, FND 567

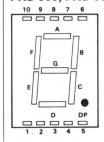

PIN FND 507/567	FND 500/560
1 Segment E	Segment E
2 Segment D	Segment D
3 Gem. Anode	Gem. Kathode
4 Segment C	Segment C
5 Dezimalpunkt	Dezimalpunkt
6 Segment B	Segment B
7 Segment A	Segment A
8 Gem. Anode	Gem. Kathode
9 Segment F	Segment F
10 Segment G	Segment G

Display rot, Lichtstärke (mcd)
FND 500   gem. Kathode 600 mcd
FND 507   gem. Anode 600 mcd
FND 560   gem. Kathode 1200 mcd
FND 567   gem. Anode 1200 mcd

FND 501, FND 508, FND 561, FND 568

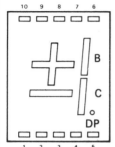

PIN FND 501/561	FND 508/568
1 Minus	Minus
2 Kathode ±	Anode ±
3 Segment C	Segment C
4 Kathode 1/DP	Anode 1/DP
5 Dezimalpunkt	Dezimalpunkt
6 Segment B	Segment B
7 Kathode 1/DP	Anode 1/DP
8 Kathode ±	Anode ±
9 Plus	Plus
10 N.C.	N.C.

Display, rot,   **Lichtstärke**

FND 501   gem. Kathode 600 mcd
FND 508   gem. Anode 600 mcd
FND 561 gem. Kathode 1200 mcd
FND 568   gem. Anode 1200 mcd

FND 530, FND 537, FND 540, FND 547, FND 550, FND 557

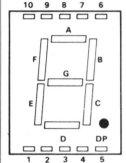

PIN FND 530/540/550	FND 537/547/557
1 Segment E	Segment E
2 Segment D	Segment D
3 Gem. Kathode	Gem. Anode
4 Segment C	Segment C
5 Dezimalpunkt	Dezimalpunkt
6 Segment B	Segment B
7 Segment A	Segment A
8 Gem. Kathode	Gem. Anode
9 Segment F	Segment F
10 Segment G	Segment G

FND 540 gelb gem. Kathode 2000mcd

Display, Farbe   **Lichtstärke**   FND 547 gelb gem. Anode 2000 mcd

FND 530 grün gem. Kathode 2000 mcd   FND 550 or. gem. Kathode 2000 mcd
FND 537 grün   gem. Anode 2000 mcd   FND 557 or.   gem. Anode 2000 mcd

FND 531, FND 538, FND 541, FND 548, FND 551, FND 558

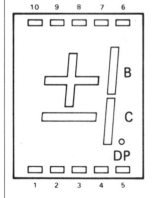

PIN FND 531 FND 541 FND 551	FND 538 FND 548 FND 558
1 Minus	Minus
2 Kathode ±	Anode ±
3 Segment C	Segment C
4 Kathode 1/D.P.	Anode 1/D.P.
5 D.P.	D.P.
6 Segment B	Segment B
7 Kathode 1/D.P.	Anode 1/D.P.
8 Kathode +/−	Anode +/−
9 Plus	Plus
10 N.C.	N.C.

Display, Farbe,   **Lichtstärke**

FND 531 grün gem. Kathode 2000 mcd   FND 548 gelb   gem. Anode 2000 mcd
FND 538 grün   gem. Anode 2000 mcd   FND 551 or. gem. Kathode 2000 mcd
FND 541 gelb gem. Kathode 2000 mcd   FND 558 or.   gem. Anode 2000 mcd

FND 800, FND 807

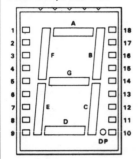

PIN	FND 800	FND 807
1	frei	frei
2	Segment A	Segment A
3	Segment F	Segment F
4	Gem. Kathode	Gem. Anode
5	Segment E	Segment E
6	Gem. Kathode	Gem. Anode
7	N.C.	N.C
8	frei	frei
9	frei	frei
10	Dezimalpunkt	Dezimalpunkt
11	Segment D	Segment D
12	Gem. Kathode	Gem. Anode
13	Segment C	Segment C
14	Segment G	Segment G
15	Segment B	Segment B
16	frei	frei
17	Gem. Kathode	Gem. Anode
18	frei	frei

FND 800 rot, gem. Kathode 1100 mcd
FND 807 rot, gem. Anode 1100 mcd

HA 1075

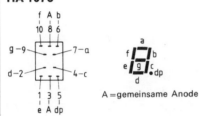

A = gemeinsame Anode

LED-Anzeige 1stellig, rot, Symbolhöhe 7 mm, gem. Anode, Dezimalpunkt rechts
Durchlaßspannung bei $I_F = 10$ mA 1,6...2,0 V
Segmentstrom: 10 mA

HA 1077

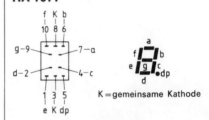

K = gemeinsame Kathode

LED-Anzeige 1stellig, Symbolhöhe 7 mm, gem. Kathode, Dezimalpunkt rechts
Durchlaßspannung: 1,6 V
Segmentstrom: ca. 10...20 mA
Farbe rot

HD 1076

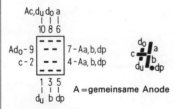

A = gemeinsame Anode

LED-Anzeige ± 1, Symbolhöhe 7 mm, gem. Anode, Dezimalpunkt rechts, Farbe rot
Durchlaßspannung: 1,6 V
Segmentstrom: 10 mA
Farbe rot

HD 1078

K = gemeinsame Kathode

LED-Anzeige ± 1, Symbolhöhe 7 mm, gem. Kathode, Dezimalpunkt rechts
Durchlaßspannung: 1,6 V
Segmentstrom: ca. 10...20 mA
Farbe rot

HD 1105

A = gemeinsame Anode

```
g-1      10-a
f-2       9-b
A-3       8-A
e-4       7-c
d-5       6-dp
```

LED-Anzeige, 1stellig, Symbolhöhe
10 mm, gem. Anode,
Dezimalpunkt rechts
Durchlaßspannung: typ. 1,6 V
Segmentstrom: 10...25 mA
HD 1105 r = rot HD 1105 g = grün
HD 1105 y = gb. HD 1105 o = orange

HD 1106

A = gemeinsame Anode

```
    d₀-1      10-A a,b,dp
A d₀-2       9-a
  c  -3       8-A a,b,dp
  dᵤ-4       7-b
A c,dᵤ-5      6-dp
```

LED-Anzeige, ±, Symbolhöhe 10 mm,
gemeinsame Anode,
Dezimalpunkt rechts
Durchlaßspannung: typ. 1,6 V
Segmentstrom: 10...25 mA
HD 1106 r = rot HD 1106 g = grün
HD 1106 y = gb. HD 1106 o = orange

HD 1107

K = gemeinsame Kathode

```
g-1      10-a
f-2       9-b
K-3       8-K
e-4       7-c
d-5       6-dp
```

LED-Anzeige, 1stellig,
Symbolhöhe 10 mm
gemeinsame Kathode,
Dezimalpunkt rechts
Durchlaßspannung: typ. 1,6 V
Segmentstrom: ca. 10...25 mA
HD 1107 r = rot HD 1107 g = grün
HD 1107 y = gb. HD 1107 o = orange

HD 1108

K = gemeinsame Kathode

```
    d₀-1      10-K a,b,dp
K d₀-2       9-a
  c  -3       8-K a,b,dp
  dᵤ-4       7-b
K c,dᵤ-5      6-dp
```

LED-Anzeige, ±, Symbolhöhe 10 mm,
gemeinsame Kathode, Dezimalpunkt

HD 1111

A = gemeinsame Anode

```
a-1      14 - A
f-2      13 - b
A-3      12 - -
- -4      11 - g
- -5      10 - c
- -6       9 - dp
e-7       8 - d
```

LED-Anzeige, 1stellig, Symbolhöhe
11 mm, gemeinsame Anode, Dezimal-
punkt rechts
Durchlaßspannung: 1,6 V
Segmentstrom: ca. 10...25 mA
HD 1111 r = rot HD 1111 g = grün
HD 1111 y = gb. HD 1111 o = orange

HD 1112

universal

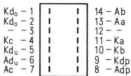

```
Kd₀ - 1      14 - Ab
Kd₀ - 2      13 - Aa
  -  - 3      12 - -
Kc - 4      11 - Ka
Kdᵤ - 5      10 - Kb
Adᵤ - 6       9 - Kdp
Ac - 7       8 - Adp
```

LED-Anzeige, ±, Symbolhöhe 11 mm,
Dezimalpunkt rechts, Durchlaßspan-
nung: 1,6 V
Segmentstrom: ca. 10...25 mA
HD 1112 r = rot HD 1112 g = grün
HD 1112 y = g. HD 1112 o = orange

HD 1113

K = gemeinsame Kathode

```
a-1      14 - K
f-2      13 - b
K-3      12 - -
- -4      11 - g
- -5      10 - c
- -6       9 - dp
e-7       8 - d
```

LED-Anzeige, 1stellig, Symbolhöhe
11 mm, gemeinsame Kathode, Dezimalpunkt rechts, Duchlaßspannung:
typ. 1,6 V
Segmentstrom: ca. 10...25 mA
HD 1113 r = rot HD 1113 g = grün
HD 1113 y = gb. HD 1113 o = orange

rechts, Durchlaßspannung: typ. 1,6 V
Segmentstrom: ca. 10...25 mA
HD 1108 r = rot   HD 1108 g = grün
HD 1108 y = gelb HD 1108 o = orange

HD 1115

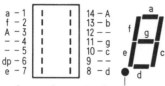

```
a – 1              14 – A
f – 2              13 – b
A – 3              12 – --
-- – 4             11 – g
-- – 5             10 – c
dp – 6              9 – --
e – 7               8 – d
```

A = gemeinsame Anode

LED-Anzeige, 1stellig, Symbolhöhe
11 mm, gemeinsame Anode, Dezimal-
punkt links
Durchlaßspannung: typ. 1,6 V
Segmentstrom: ca. 10...25 mA
HD 1115 r = rot   HD 1115 g = grün
HD 1115 y = gb.   HD 1115 o = orange

HD 1131

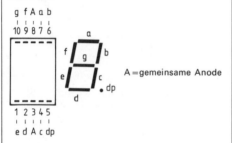

```
g f A a b
| | | | |
10 9 8 7 6
```

A = gemeinsame Anode

```
1 2 3 4 5
| | | | |
e d A c dp
```

LED-Anzeige, 1stellig, Symbolhöhe
13,5 mm, gemeinsame Anode, Dezi-
malpunkt rechts
Duchlaßspannung: ca. 1,6 V
Segmentstrom: ca. 10...35 mA
HD 1131 r = rot = TIL 701 = DL 507
HD 1131 y = gelb = TIL 713
HD 1131 g = grün = TIL 717
HD 1131 o = orange + TIL 705

HD 1132

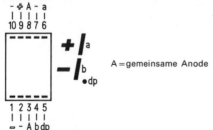

```
- φ A – a
| | | | |
10 9 8 7 6
```

A = gemeinsame Anode

```
1 2 3 4 5
| | | | |
= – A b dp
```

Fortsetzung nächste Spalte

LED-Anzeige ±, Symbolhöhe
13,5 mm, gemeinsame Anode, Dezi-
malpunkt rechts
Durchlaßspannung: ca. 1,6 V
Segmentstrom: ca. 10...35 mA
HD 1132 r = rot = TIL 703
HD 1132 y = gelb = TIL 715
HD 1132 g = grün = TIL 719
HD 1132 o = orange = TIL 707

HD 1133

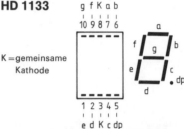

```
g f K a b
| | | | |
10 9 8 7 6
```

K = gemeinsame
Kathode

```
1 2 3 4 5
| | | | |
e d K c dp
```

LED-Anzeige, 1stellig, Symbolhöhe
13,5 mm, gemeinsame Kathode, Dezi-
malpunkt rechts
Durchlaßspannung: ca. 1,6 V
Segmentstrom: ca. 10...35 mA
HD 1135 r = rot = TIL 702 = DL 500
HD 1133 y = gelb = TIL 714
HD 1133 g = grün = TIL 718
HD 1133 o = orange = TIL 706

HD 1134

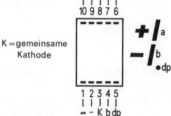

```
- φ K – a
| | | | |
10 9 8 7 6
```

K = gemeinsame
Kathode

```
1 2 3 4 5
| | | | |
= – K b dp
```

LED-Anzeige, ±, Symbolhöhe
13,5 mm, gemeinsame Kathode, Dezi-
malpunkt rechts
Durchlaßspannung: ca. 1,6 V
Segmentstrom: ca. 10...35 mA
HD 1134 r = rot = TIL 704
HD 1134 y = gelb = TIL 716
HD 1134 g = grün = TIL 720
HD 1134 o = orange = TIL 708

HA 1141

A = gemeinsame Anode

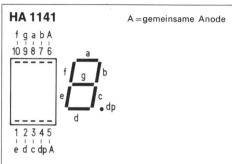

LED-Anzeige, 1stellig, Symbolhöhe
13,5 mm, gemeinsame Anode, Dezi-
malpunkt rechts
Durchlaßspannung: ca. 1,6 V
Segmentstrom: ca. 10...35 mA
HD 1141 r = rot HD 1141 g = grün
HD 1141 y = gb. HD 1141 o = orange

HA 1142

A = gemeinsame Anode
Ad_o = Anode d_o

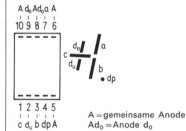

LED-Anzeige, ±, Symbolhöhe 13,5 mm,
gemeinsame Anode, Dezimalpunkt
rechts
Durchlaßspannung: ca. 1,6 V
Segmentstrom: ca. 10...35 mA
HD 1142 r = rot HD 1142 g = grün
HD 1142 y = gb. HD 1142 o = orange

HA 1143

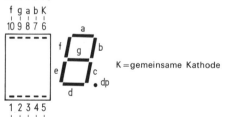

K = gemeinsame Kathode

Fortsetzung nächste Spalte

LED-Anzeige, 1stellig, Symbolhöhe
13,5 mm, gemeinsame Kathode, Dezi-
malpunkt rechts,
Durchlaßspannung: typ. 1,6 V
Segmentstrom: ca. 10...35 mA
HA 1143 r = rot HA 1143 g = grün
HA 1143 y = gb. HA 1143 o = orange

HA 1144

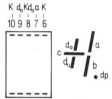

K = gemeinsame Kathode
Kd_o = Kathode d_o

LED-Anzeige, ±, Symbolhöhe 13,5 mm,
gemeinsame Kathode, Dezimalpunkt
rechts
Durchlaßspannung: typ. 1,6 V
Segmentstrom: ca. 10...35 mA
HA 1144 r = rot HA 1144 g = grün
HA 1144 y = gb. HA 1144 o = orange

HA 1181

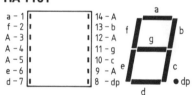

a – 1	14 – A
f – 2	13 – b
A – 3	12 – A
A – 4	11 – g
A – 5	10 – c
e – 6	9 – A
d – 7	8 – dp

A = gemeinsame Anode

LED-Anzeige, 1stellig, Symbolhöhe
18 mm, gemeinsame Anode, Durch-
laßspannung: typ. 1,6 V
Segmentstrom: ca. 10...35 mA
HA 1181 r = rot HA 1181 g = grün
HA 1181 y = gb. HA 1181 o = orange

*LED-Anzeigen werden immer (falls
nicht ausdrücklich vermerkt) in der
Draufsicht, Displayseite gezeigt, d. h.
das Bauelement in Einbaulage.*

HA 1182

```
d₀-1  ┃    ┃ 14 - A
d₀-2  ┃    ┃ 13 - a
A-3   ┃    ┃ 12 - A
c-4   ┃    ┃ 11 - A
A-5   ┃    ┃ 10 - b
d_u-6 ┃    ┃ 9 - A
Ad_u-7┃    ┃ 8 - dp
```

A = gemeinsame Anode
Ad_u = Anode d_u

LED-Anzeige, $\pm$, Symbolhöhe 18 mm, gemeinsame Anode, Dezimalpunkt rechts,
Durchlaßspannung: ca. 1,6 V
Segmentstrom: ca. 10...35 mA
HA 1182 r = rot   HA 1182 g = grün
HA 1182 y = gb.   HA 1182 o = orange

HA 1183

K = gemeinsame Kathode

```
a-1 ┃    ┃ 14 - K
f-2 ┃    ┃ 13 - b
K-3 ┃    ┃ 12 - K
K-4 ┃    ┃ 11 - g
K-5 ┃    ┃ 10 - c
e-6 ┃    ┃ 9 - dp
d-7 ┃    ┃ 8 - dp
```

LED-Anzeige, 1stellig, Symbolhöhe 18 mm, gemeinsame Kathode, Dezimalpunkt rechts
Duchlaßspannung: ca. 1,6 V
Segmentstrom: ca. 10...35 mA
HA 1183 r = rot   HA 1183 g = grün
HA 1183 y = gb.   HA 1183 o = orange

HA 1184

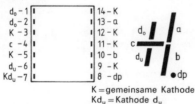

```
d₀-1  ┃    ┃ 14 - K
d₀-2  ┃    ┃ 13 - a
K-3   ┃    ┃ 12 - K
c-4   ┃    ┃ 11 - K
K-5   ┃    ┃ 10 - b
d_u-6 ┃    ┃ 9 - K
Kd_u-7┃    ┃ 8 - dp
```

K = gemeinsame Kathode
Kd_u = Kathode d_u

LED-Anzeige $\pm$, Symbolhöhe 18 mm, gemeinsame Kathode, Dezimalpunkt rechts, Durchlaßspannung: ca. 1,6 V
Segmentstrom: ca. 10...35 mA
HA 1184 r = rot   HA 1184 g = grün
HA 1184 y = gb.   HA 1184 o = orange

HA 2142

$f_1\, g_1\, a_1\, b_1\, A_1\, f_2\, g_2\, a_2\, b_2\, A_2$

20 19 18 17 16 15 14 13 12 11

1 2 3 4 5 6 7 8 9 10
$e_1\, d_1\, c_1\, dp_1\, A_1\, e_2\, d_2\, c_2\, dp_2\, A_2$

gemeinsame Anode

LED-Anzeige, 2stellig, gemeinsame Anode, Symbolhöhe 13,5 mm
Durchlaßspannung: ca. 1,6 V
Segmentstrom: ca. 10...35 mA
HA 2142 r = rot
HA 2142 o = orange

HA 2143

Ad_{01}
$A_1\, d_{01}\, a_1\, A_1\, f_2\, g_2\, a_2\, b_2\, A_2$

20 19 18 17 16 15 14 13 12 11

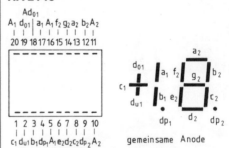

1 2 3 4 5 6 7 8 9 10
$c_1\, d_{u1}\, b_1\, dp_1\, A_1\, e_2\, d_2\, c_2\, dp_2\, A_2$

gemeinsame Anode

LED-Anzeige, 1½stellig, gemeinsame Anode, Symbolhöhe 13,5 mm
Durchlaßspannung: ca. 1,6 V
Segmentstrom: ca. 10...35 mA
HA 2143 r = rot
HA 2143 o = orange

HA 2144

$f_1\, g_1\, a_1\, b_1\, K_1\, f_2\, g_2\, a_2\, b_2\, K_2$

20 19 18 17 16 15 14 13 12 11

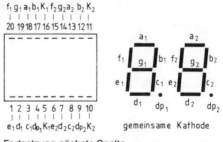

1 2 3 4 5 6 7 8 9 10
$e_1\, d_1\, c_1\, dp_1\, K_1\, e_2\, d_2\, c_2\, dp_2\, K_2$

gemeinsame Kathode

Fortsetzung nächste Spalte

LED-Anzeige, 2stellig, gemeinsame
Kathode, Symbolhöhe 13,5 mm
Durchlaßspannung: ca. 1,6 V
Segmentstrom: ca. 10...35 mA
HA 2144 r = rot
HA 2144 o = orange

HD 2145

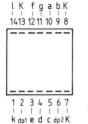

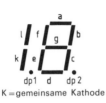

K = gemeinsame Kathode

LED-Anzeige, 1½stellig, gemeinsame
Kathode, Symbolhöhe 13,5 mm, für
Anzeigen von 0...19
Durchlaßspannung: ca. 1,6 V
Segmentstrom: ca. 10...35 mA
HD 2145 r = rot
HD 2145 g = grün

HA 2147

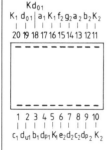

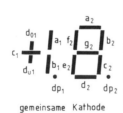

gemeinsame Kathode

LED-Anzeige, 1½stellig, gemeinsame
Kathode, Symbolhöhe 13,5 mm
Durchlaßspannung: ca. 1,6 V
Segmentstrom: ca. 10...35 mA
HA 2147 r = rot
HA 2147 o = orange

HD 14101

A = gemeinsame Anode

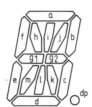

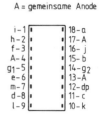

i-1	18-a
h-2	17-A
f-3	16-j
A-4	15-b
g_1-5	14-g_2
e-6	13-A
m-7	12-dp
d-8	11-c
l-9	10-k

Alphanumerische LED-Anzeige,
10 mm Symbolhöhe,
Gehäusefarbe: grau,
14 Segmente und 1 Dezimalpunkt
Die hier vorgestellte 14-Segment-An-
zeige eignet sich zur Darstellung alphanumerischer Zeichen und Symbole.
Der maximale Betrachtungsabstand
bei dieser 10 mm hohen Anzeige beträgt 4,5 m.

Kenndaten (rot) typ.
Lichtstärke pro Segment
(bei I_F = 10 mA) I_V 300 μcd
(bei I_F = 25 mA) I_V 850 μcd
Durchlaßspannung bei
(I_F = 10 mA) U_F 1,6 V

MA 35 Alphanumerische Anzeige

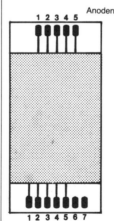

Jeder Punkt in
einer Matrix wird
bei der Anzeige-
einheit Typ MA-35
durch eine Leucht-
diode dargestellt.
Dabei sind jeweils
alle Kathoden
einer Zeile und
alle Anoden einer
Spalte miteinan-
der verbunden.

Anschlußbelegung

145

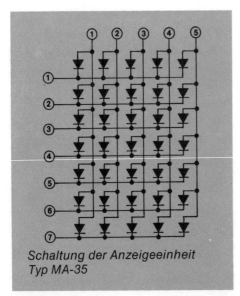

Schaltung der Anzeigeeinheit Typ MA-35

Technische Daten
Optische und elektrische Kenngrößen pro Leuchtfeld
Lichtstärke pro Segment Typ bei 20 mA: 1,5 mcd
Wellenlänge der maximalen Emission hellrot: 630 nm
Wellenlänge der maximalen Emission grün: 560 nm
Durchlaßspannung
I_F = 20 mA Typ: 2,7 V
Durchbruchspannung
I_R = 100 µA: 5 V
Durchlaßstrom I_F: 20 mA
Ziffernhöhe: 31 mm
Geeignet für Multiplexbetrieb
Abstrahlwinkel: 50 °

5 Spalten – Anode
7 Reihen – Kathode

MAN 1, MAN 1 A

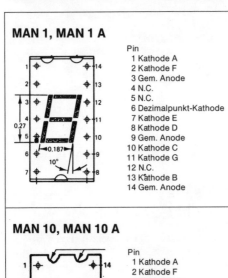

Pin
1 Kathode A
2 Kathode F
3 Gem. Anode
4 N.C.
5 N.C.
6 Dezimalpunkt-Kathode
7 Kathode E
8 Kathode D
9 Gem. Anode
10 Kathode C
11 Kathode G
12 N.C.
13 Kathode B
14 Gem. Anode

MAN 10, MAN 10 A

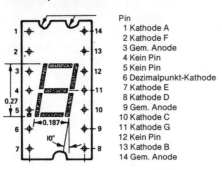

Pin
1 Kathode A
2 Kathode F
3 Gem. Anode
4 Kein Pin
5 Kein Pin
6 Dezimalpunkt-Kathode
7 Kathode E
8 Kathode D
9 Gem. Anode
10 Kathode C
11 Kathode G
12 Kein Pin
13 Kathode B
14 Gem. Anode

MAN 51 A, 71 A, 81 A, MAN 3610 A

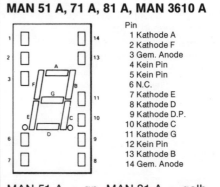

Pin
1 Kathode A
2 Kathode F
3 Gem. Anode
4 Kein Pin
5 Kein Pin
6 N.C.
7 Kathode E
8 Kathode D
9 Kathode D.P.
10 Kathode C
11 Kathode G
12 Kein Pin
13 Kathode B
14 Gem. Anode

MAN 51 A = gn. MAN 81 A = gelb
MAN 71 A = rot MAN 3610 = orange

MAN 52 A, 72 A, 82 A, MAN 3620 A

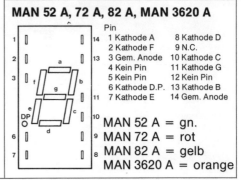

Pin
1 Kathode A	8 Kathode D
2 Kathode F	9 N.C.
3 Gem. Anode	10 Kathode C
4 Kein Pin	11 Kathode G
5 Kein Pin	12 Kein Pin
6 Kathode D.P.	13 Kathode B
7 Kathode E	14 Gem. Anode

MAN 52 A = gn.
MAN 72 A = rot
MAN 82 A = gelb
MAN 3620 A = orange

MAN 53 A, 73 A, 83 A, 3630 A

Pin
1 Anode C, D
2 Kein Pin
3 Anode C, D
4 Kein Pin
5 Kein Pin
6 Kein Pin
7 Kathode D
8 Kathode C
9 N.C.
10 Kathode B
11 Kathode A
12 Kein Pin
13 Kein Pin
14 Anode A, B

MAN 53 A = gn.   MAN 83 A = gelb
MAN 73 A = rot   MAN 3630 A = or.

MAN 54 A, 74 A, 84 A, 3640 A

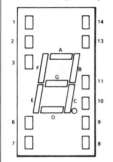

Pin
1 Anode F
2 Anode G
3 Kein Pin
4 Gem. Kathode
5 Kein Pin
6 Anode E
7 Anode D
8 Anode C
9 Anode D.P.
10 Kein Pin
11 Kein Pin
12 Gem. Kathode
13 Anode B
14 Anode A

MAN 54 A = gn.   MAN 84 A = gelb
MAN 74 A = rot   MAN 3640 A = or.

TIL 302 rot 7 mm

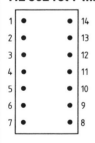 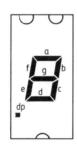

Anschlußbelegung
Pin
1 Kathode a   8 Kathode d
2 Kathode f   9 Anode c, d,
3 Anode e, f, g, dp 10 Kathode c
4 –   11 Kathode 9
5 –   12 –
6 Kathode dp, f   13 Kathode b
7 Kathode e   14 Anode a, b
                     Dezimalpunkt links

TIL 303 rot 7 mm

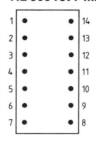

Anschlußbelegung
Pin
1 Kathode a   8 Kathode d
2 Anode a, f   9 Kathode c
3 Kathode f   10 Kathode dp
4 Kathode g   11 –
5 –   12 –
6 Kathode e   13 Kathode b, c, g
7 Anode e, d, p   14 Kathode b
                     Dezimalpunkt rechts

TIL 304 rot 7 mm

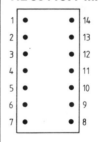 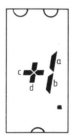

Anschlußbelegung
Pin
1 Anode c, d   8 Kathode c
2 –   9 Kathode dp
3 –   10 Kathode b
4 –   11 Kathode a
5 –   12 –
6 –   13 –
7 Kathode d   14 Anode a, b, dp
                     Dezimalpunkt rechts

TIL 312, 314, 316, 339 8 mm

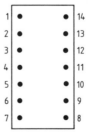 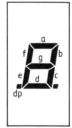

gemeinsame Anoden
Pinbelegung nächste Seite

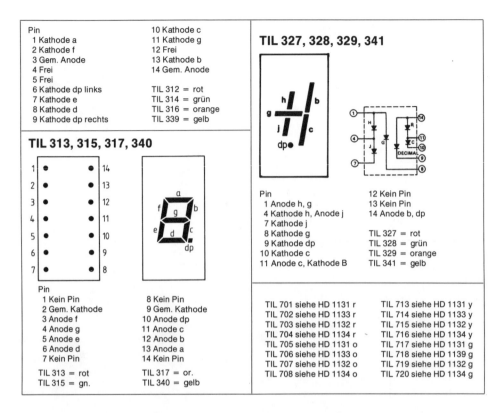

Pin		
1 Kathode a	10 Kathode c	
2 Kathode f	11 Kathode g	
3 Gem. Anode	12 Frei	
4 Frei	13 Kathode b	
5 Frei	14 Gem. Anode	
6 Kathode dp links		
7 Kathode e	TIL 312 = rot	
8 Kathode d	TIL 314 = grün	
9 Kathode dp rechts	TIL 316 = orange	
	TIL 339 = gelb	

TIL 313, 315, 317, 340

TIL 327, 328, 329, 341

Pin	12 Kein Pin
1 Anode h, g	13 Kein Pin
4 Kathode h, Anode j	14 Anode b, dp
7 Kathode j	
8 Kathode g	TIL 327 = rot
9 Kathode dp	TIL 328 = grün
10 Kathode c	TIL 329 = orange
11 Anode c, Kathode B	TIL 341 = gelb

Pin	
1 Kein Pin	8 Kein Pin
2 Gem. Kathode	9 Gem. Kathode
3 Anode f	10 Anode dp
4 Anode g	11 Anode c
5 Anode e	12 Anode b
6 Anode d	13 Anode a
7 Kein Pin	14 Kein Pin

TIL 313 = rot	TIL 317 = or.
TIL 315 = gn.	TIL 340 = gelb

TIL 701 siehe HD 1131 r	TIL 713 siehe HD 1131 y
TIL 702 siehe HD 1133 r	TIL 714 siehe HD 1133 y
TIL 703 siehe HD 1132 r	TIL 715 siehe HD 1132 y
TIL 704 siehe HD 1134 r	TIL 716 siehe HD 1134 y
TIL 705 siehe HD 1131 o	TIL 717 siehe HD 1131 g
TIL 706 siehe HD 1133 o	TIL 718 siehe HD 1139 g
TIL 707 siehe HD 1132 o	TIL 719 siehe HD 1132 g
TIL 708 siehe HD 1134 o	TIL 720 siehe HD 1134 g

Feldeffekt-Flüssigkristallanzeigen (FKA)

Liquid crystal display (LCD)

Kurze technische Erläuterung

Speise-Spannung:
Kontrast und Schaltzeit hängen von der Speisespannung ab. Die Einschaltzeit nimmt mit steigender Speisespannung ab, die Ausschaltzeit nimmt dagegen zu. Die Lebensdauer wird durch Überschreiten der max. Speisespannung erheblich reduziert. Durchschnittliche Lebensdauer ca. 50 000 h.

Betriebsstrom:
Für Spannungsquellen sind LCD-Anzeigen eine kapazitive Last, der Betriebsstrom ist daher linear von der Spannung und deren Frequenz abhängig. Bei 3 V und 32 Hz beträgt der Strom ca. 1 μA/cm², wobei nur die Fläche des angesteuerten Segments zum Strom beiträgt.

Was ist transflektiv?
Die transflektive Anzeige hat einen Reflektor, der z. T. lichtdurchlässig ist. Das Licht der Umgebung wird zum größten Teil reflektiert, das von hinten einge-

strahlte Licht gelangt abgeschwächt durch den Transflektor und durch die Anzeige zum Betrachter. Für Auf- und Durchlicht.

Reflektiv?
Bei reflektiven Anzeigen besitzt der hintere Polarisator einen hofreflektierenden Belag, der das von der Zelle hindurchgelassene Licht diffus reflektiert. Dies ergibt eine besondere helle Anzeige mit gutem Kontrast. Nur für Auflicht.

Beleuchtung der LCD-Anzeigen:
Damit LCD-Anzeigen auch bei Nacht abgelesen werden können, müssen diese durch ein Lämpchen (bewährt haben sich bisher superhelle LEDs in grün oder gelb) beleuchtet werden.
Das Licht kann entweder seitlich direkt ins Glas der Anzeige geleitet werden, oder bei transflektiven Anzeigen von hinten zugeführt werden.

Behandlung von LCD-Anzeigen:
Flüssigkristallanzeigen sind sehr robust und können praktisch wie massive Glasplättchen behandelt werden. Da die Polarisationsflächen aus Kunststoff bestehen, ist darauf zu achten, daß diese nicht verkratzt werden.
Beim Anfassen oder leichten Druck auf die Anzeige können graublaue „Wellen" entstehen. Es handelt sich dabei nur um eine harmlose vorübergehende Desorientierung des Flüssigkristalls infolge Verformung der Anzeige.

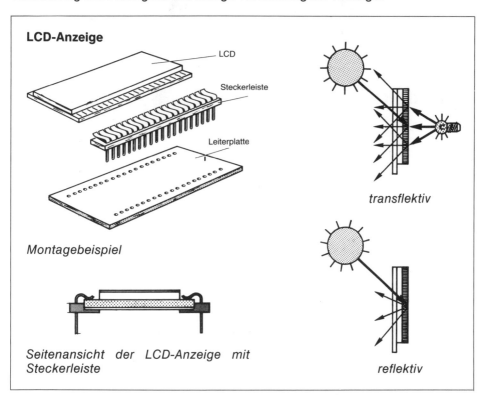

LCD-Anzeige

LCD

Steckerleiste

Leiterplatte

Montagebeispiel

Seitenansicht der LCD-Anzeige mit Steckerleiste

transflektiv

reflektiv

3½stellige LCD-Anzeige für den Einsatz in Meßgeräten, LCD-Thermometer und allgemeine Verwendung.

Typ: SE 6902, FAN 3186 T, R

3½stellige Anzeige

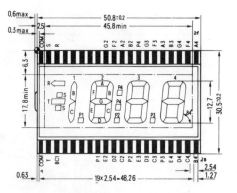

Anschlußbelegung der 3½stelligen Anzeige

Kenndaten:
U_S = 5 V, f = 32 Hz, Tu = 25 °C;

Schwellspannung (bei 10 % kontrast)
U_{TH} max. 1,7 V

Frequenz	f min. 25 Hz
	max. 500 Hz
Gesamtstrom-aufnahme	I 23 μA
Einschaltzeit	t_{ein} 150 ms
Ausschaltzeit	t_{aus} 350 ms
Lebensdauer	t ca. 50 000 h

Technische Daten:
(Grenzdaten)

Speisespannung:	U_S 8 V
Gleichspannungs-anteil:	U_{DC} 50 mV
Betriebstemperatur:	Tu −15 bis 60 °C

*Vergleichstypen zur SE 6902
(3½stellig):
L 007 CC, H 1331 C-C, 43 D 5 R 03,
3901, 3902*

4stellige Anzeige, technische Daten wie 3½stellige Anzeige

Typ: SE 6904, FAN 41860 T, R

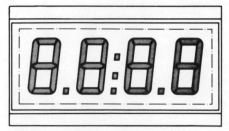

4stellige Anzeige

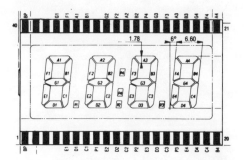

Anschlußbelegung der 4stelligen Anzeige

Digital-Thermometer mit LCD-Anzeige

Hier wird ein LCD-Digital-Thermometer mit einem Temperaturmeßbereich von
–50 °C bis + 150 °C vorgestellt.

Den eigentlichen Bestandteil des Temperaturmessers stellt der 3½stellige A/D-
Wandler des Typs ICL 7106 von Intersil dar.

Zusätzlich werden nur noch wenige externe Bauelemente (wie z. B. die LCD-Anzeige, der Temperaturfühler und eine Betriebsspannung) benötigt.

Die Frequenz des internen Oszillators wird mit dem Widerstand 100 kΩ und dem
Kondensator 100 pF festgelegt.

Als Referenz-Kondensator dient ein Kondensator mit 100 nF, der an Pin 33 und
34 angeschlossen wird.

Zur Eingangsspannungsstabilisierung dient ein 10 nF-Kondensator an Pin 30
und 31. Der „Auto-Zero"-Kondensator, der an Pin 29 über einen 100 k-Wider-
stand und einen Kondensator von 100 nF (Integrations-Kondensator) an Pin 28
und 27 angeschlossen ist, hat einen Wert von 220 nF.

Mit dem Wendeltrimmer (100 kΩ) in Zusammenhang mit dem Widerstand 470 kΩ
wird der Skalenfaktor eingestellt (Festlegung der Beziehung zwischen Tempera-
tursensor und Eingangsspannung des A/D-Wandlers).

Der zweite Wendeltrimmer (ebenfalls 100 kΩ) ermöglicht in Verbindung mit dem
220-kΩ-Widerstand den Nullabgleich.

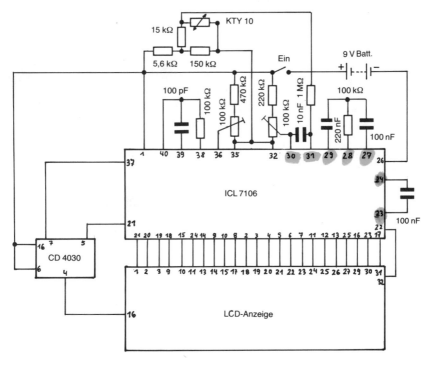

Schaltbild des Digitalthermometers

Abgleich

Zuerst erfolgt der 00,0 Abgleich in Eis-Wasser-Gemisch, dazu werden in ein Glas Wasser kleingehackte Eiswürfel gegeben und der Fühler mit gut isolierten Anschlußdrähten, (damit nicht durch Eintauchen in Wasser Kriechströme das Ergebnis verfälschen) möglichst weit ins Eiswasser getaucht. Mit dem Wendeltrimmer wird nun die Anzeige auf 00,0 abgeglichen.

Der 100 °C-Abgleich erfolgt im kochenden Wasser, Dazu wird der Fühler in richtig sprudelndes Wasser ca. 2 cm tief eingetaucht.

Die Anzeige wird nun mit dem Wendeltrimmer (der in Verbindung mit dem 470 kΩ liegt) auf 100,0 abgeglichen.

Sollen überwiegend Temperaturen im Wohnbereich gemessen werden, so ist ein Abgleich mit einem Fieberthermometer vorzuziehen, da hierdurch diese Temperaturen besser abgedeckt werden.

Fieberthermometer besitzen eine Genauigkeit von ca. 0,1 °C.

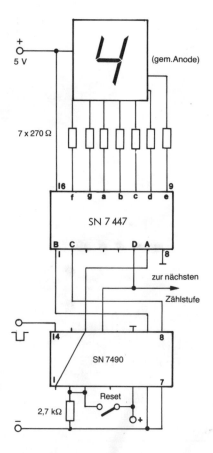

Einfacher Zähler von 0...9

Ansteuern von 7-Segment-Anzeigen

Die Ansteuerung von 7-Segment-Anzeigen ist völlig unproblematisch. Die Anzeigen können vom BCD zum 7-Segment-Decoder/Anzeigentreiber (7447) direkt über entsprechende Vorwiderstände angesteuert werden. Man kann alle Zahlen von 0...9 darstellen. Die Stromaufnahme der einzelnen Segmente muß durch entsprechende Vorwiderstände auf ca. 10...20 mA pro Segment begrenzt werden.

Bei einer Betriebsspannung von 5 V (wie für die meisten TTL-Schaltungen üblich) finden Widerstände mit 270 Ohm ¼ Watt Verwendung.

Die Ansteuerung des Decoders erfolgt direkt vom Dezimalzähler SN 7490. Pin 6 und 7 des Dezimalzählers liegen auf Masse. Die Rückstellung auf den Zählerstand „0" erfolgt mit dem Taster „Reset" bzw. bei „9" automatisch. Diese Schaltung kann beliebig erweitert werden. Jeder 10. Zählimpuls wird als Übertrag an Pin 11 auf die nächste Stufe weitergegeben.

Mit einem TTL-Pegel wird der Zählereingang (Pin 14) angesteuert. Bei Erweiterung wird jeweils Pin 11 (Ausgang) mit Pin 14 (Eingang) der nächsten Stufe verbunden.

Lottozahlengenerator mit Digitalanzeige

Ein astabiler Multivibrator bestehend aus IC SN 7400 steuert beim Drücken der Taste den Dezimalzähler SN 7490 an, dessen Ausgang wiederum an den Eingang des zweiten Dezimalzählers führt. Die Aufgabe der Treiberstufe übernehmen die BCD-Dezimal-Decodierer SN 7447 an dem über Widerstände die LED-Anzeigen angeschlossen sind. Das Zurückstellen auf Null des zweiten Dezimalzählers bei Erreichen der Zahl 5 erfolgt über die restlichen zwei NAND-Gatter des IC 7400. Beim Loslassen bleibt der Zähler an einer beliebigen Stelle zwischen Null und der Zahl 49 stehen.

Auf die Unterdrückung der Anzeige Null Null wurde im Interesse eines geringen Bauteileaufwandes verzichtet. Erscheint diese Kombination, muß vom Spieler die Taste noch einmal gedrückt werden.
Beim Anschluß der Betriebsspannung ist auf richtige Polung zu achten!

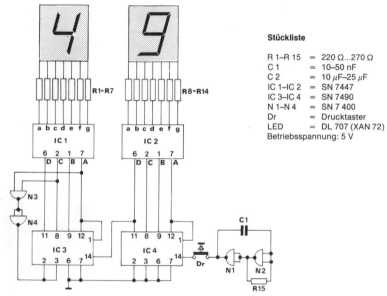

Stückliste

R 1–R 15	= 220 Ω...270 Ω
C 1	= 10–50 nF
C 2	= 10 μF–25 μF
IC 1–IC 2	= SN 7447
IC 3–IC 4	= SN 7490
N 1–N 4	= SN 7400
Dr	= Drucktaster
LED	= DL 707 (XAN 72)
Betriebsspannung: 5 V	

Schaltplan Lottozahlengenerator

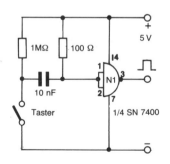

Einfache Tastenentprellung

Tastenentprellung mit SN 7400

Mechanische Schalter und Kontakte müssen beim Arbeiten und Experimentieren mit integrierten Digitalschaltungen entprellt werden, denn sie liefern beim Betätigen durch das Prellen der Kontakte in einem Zeitraum mehrere Impulse. Diese Impulse lösen beim nachfolgenden Schaltkreis Fehlimpulse aus. Nebenstehend wird eine einfache Schaltung einer Tastenentprellung mit einem Drucktaster und 1/4 SN 7400 NAND Baustein gezeigt.

153

9. Leuchtbandanzeigen

LED-Bargraph-Anzeige: **OBG, YBG, GBG 1000**, Lichtbalken 3,8 mm × 1 mm, Durchlaßspannung (I_F = 20 mA) U_F = 1,7 V

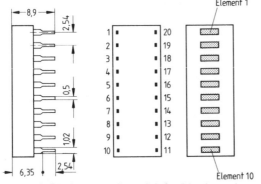

Typ:
OBG 1000 = orange
YBG 1000 = gelb
GBG 1000 = grün

1 Anode 1	11 Kathode 10
2 Anode 2	12 Kathode 9
3 Anode 3	13 Kathode 8
4 Anode 4	14 Kathode 7
5 Anode 5	15 Kathode 6
6 Anode 6	16 Kathode 5
7 Anode 7	17 Kathode 4
8 Anode 8	18 Kathode 3
9 Anode 9	19 Kathode 2
10 Anode 10	20 Kathode 1

Anschlußbelegung: Draufsicht Displayseite

D 610 P

LED-Bandanzeige-Display, 5fach, rot mit integrierter Ansteuerschaltung.
5 lineare Anzeigestufen mit fließenden Übergängen. Betriebsspannung: 12...15 V, Stromaufnahme: 15...26 mA, Eingangsspannung der fließenden Übergänge: 200 mV, 380 mV, 560 mV, 740 mV, 920 mV.

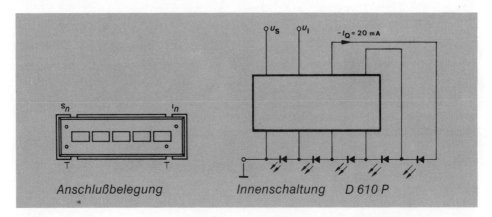

Anschlußbelegung   *Innenschaltung   D 610 P*

D 620 P (D 630 P, D 634 P)

LED-Bandanzeige-Display, 10fach, rot
10 lineare Anzeigestufen mit fließenden Übergängen
Betriebsspannung: 12...15 V, Gesamtstromaufnahme: 30...53 mA, Eingangsspannung der fließenden Übergänge: U; 110, 200, 290, 380, 470, 560, 650, 740, 830, 920 mV.

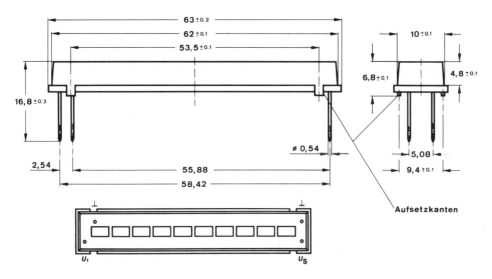

Anschlußbelegung (Draufsicht) D 620 P, D 630 P, D 634 P

D 630 P

LED-Bandanzeige 10fach, rot, 10 lineare Anzeigestufen mit abrupten Über-gängen.
Betriebsspannung: 12...15 V, Gesamtstromaufnahme: 30...53 mA.
Eingangsschwellspannungen: 100, 200, 300, 400, 500, 600, 700, 800, 900, 1000 mV.

D 634 P

LED-Bandanzeige Display, 7 grün + 3 rot, 10 lineare Anzeigestufen mit abrupten Übergängen.
Eingangsschwellspannung U: grün 100, 200, 300, 400, 500, 600, 700 mV,
rot 800, 900, 1000 mV
Anschluß gleich mit D 620 P

Ansteuerschaltungen für D 610 P...D 634 P

Mit Hilfe der vorgenannten Anzeigen und einiger weniger externer Bauteile las-sen sich preiswerte Aussteuerungsanzeigen, Füllstandsgeber u. ä. aufbauen.
Nachfolgend werden einige Schaltbeispiele gezeigt.

NF-Aussteuerungsanzeige

Die nachfolgende Schaltung der NF-Aussteuerungsanzeige dient zum direkten Anschluß an den Lautsprecherausgang. Mit P 1 erfolgt die Einstellung der Emp-findlichkeit. Bei entsprechender Stromversorgung kann die Anzeige z. B. auch in Lautsprecher- oder Aktivboxen eingebaut werden.

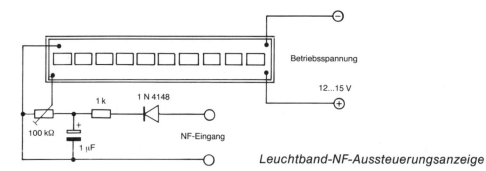

Leuchtband-NF-Aussteuerungsanzeige

Leuchtband-Aussteuerungsanzeige

Die nächste Aussteuerungsanzeige läßt sich direkt an den NF-Ausgang eines jeden Verstärkers, Mischpultes, TB-Gerätes o. ä. anschließen. Es eignen sich dazu die Displays D 610 P, D 620 P, D 630 P, D 634 P.

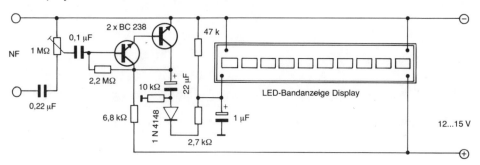

NF-Aussteuerungsanzeige

Füllstandsanzeige

Eine einfache Füllstandsanzeige mit einem linearen Widerstandsgeber zeigt diese Abbildung. Der Widerstandsgeber muß den Weg- oder Füllstand in eine proportionale Spannung umwandeln, dann läßt sich dieser Wert direkt anzeigen.

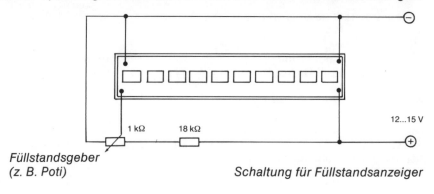

Schaltung für Füllstandsanzeiger

156

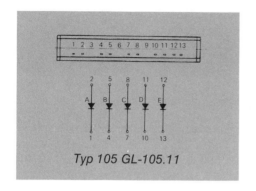

Typ 105 GL-105.11

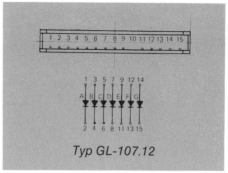

Typ GL-107.12

LED-Displays

Diese praktischen LED-Ketten eignen sich ideal für Aussteuerungsanzeigen. Pegelanzeigen, Thermometer, Leuchtband, Signalanzeigen o. ä.

Technische Daten:

Betriebsspannung: Typ. Werte
rot 1,9 V, grün 2,0 V, gelb 1,9 V
Stromaufnahme: pro LED
Typ. Wert ca. 15 mA

Typ	Ausführung
GL-105 R 11	5 LEDs rot
GL-105 G 11	5 LEDs grün
GL-105 N 11	5 LEDs gelb/grün
GL-105 H 11	5 LEDs gelb
GL-105 M 11	3 gelb/grün, 2 rot
GL-107 R 12	7 LEDs rot
GL-107 G 12	7 LEDs grün
GL-107 N 12	7 LEDs gelb/grün
GL-107 H 12	7 LEDs gelb
GL-107 S 12	5 gelb/grün, 2 rot
GL-107 M 12	4 gelb/grün, 3 rot

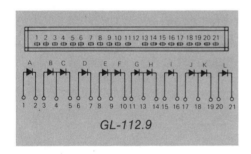

GL-112.9

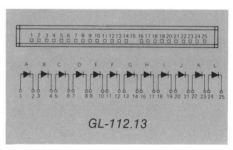

GL-112.13

Typ	Ausführung	Typ	Ausführung
GL-112 R 9	12 LEDs, rot	GL-112 S 9	12 LEDs, 9 gn./gelb, 3 rot
GL-112 R 13	12 LEDs, rot	GL-112 S 13	12 LEDs, 9 gn./gelb, 3 rot
GL-112 G 9	12 LEDs, grün	GL-112 M 9	12 LEDs, 8 gn./gelb, 4 rot
GL-112 G 13	12 LEDs, grün	GL-112 M 13	12 LEDs, 8 gn./gelb, 4 rot
GL-112 N 9	12 LEDs, gelb/grün	GL-112 T 9	12 LEDs, 4 gn./gelb, 4 gb., 4 rot
GL-112 N 13	12 LEDs, gelb/grün	GL-112 T 13	12 LEDs, 4 gn./gb., 4 gb., 4 rot
GL-112 H 9	12 LEDs, gelb		
GL-112 H 13	12 LEDs, gelb		

10. Fotowiderstände

LDR 03, ORP 12

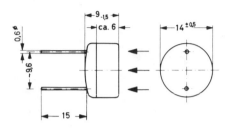

Kenndaten:
Widerstand bei 1000 lx: 75...300 Ω
Widerstand bei völliger
Dunkelheit 30 min. nach
Lichtsperrung: ≧ 10 MΩ

U_B max. 150 V
Gehäuse: Plastik

LDR 05, RPY 30

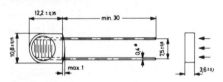

Kenndaten:
Widerstand bei 1000 lx: 75...300 Ω
Widerstand bei völliger
Dunkelheit 30 min. nach
Lichtsperrung: 10 MΩ

U_B max. 150 V
Gehäuse: Kunststoff vergossen

LDR 07

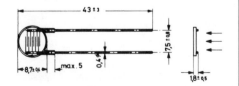

Kenndaten nächste Spalte

158

Kenndaten:
Widerstand bei 1000 lx: 75...300 Ω
Widerstand bei völliger
Dunkelheit 30 min. nach
Lichtsperrung: 10 MΩ

Gehäuse: Lacküberzug

RPY 58 A/B

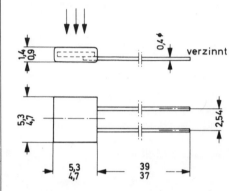

Kenndaten:
Dunkelwiderstand bei
U = 50 V, R_V = 1 MΩ,
20 s nach Lichtsperrung: 200 kΩ

Hellwiderstand bei 50 lx:
RPY 58 A   350...1400 Ω
RPY 58 B   300... 700 Ω
U_B max. 50 V

Gehäuse: flaches Kunststoffgehäuse

Schaltungen mit Fotowiderständen

Lichtschranke

Diese einfache Einrichtung läßt sich universell als Lichtschranke, Dämmerungsschalter, Parklichtschalter usw. einsetzen.

Wenn es dunkel wird, schaltet sich z. B. automatisch die Zimmerbeleuch-

tung, Schaufensterbeleuchtung usw.
ein. An die Arbeitskontakte des Relais
können Stromkreise beliebiger Warn-
geräte (Klingel, Sirene, Lampen usw.)
angeschlossen werden. In diesen Fällen dient die Lichtschranke als Schutz-
einrichtung gegen unbefugtes Betre-
ten eines Raumes, wobei der Eindring-
ling den Lichtstrahl unterbricht. Verwenden Sie als Lichtquelle eine Glüh-
lampe mit vorgesetzter Linse, die über
eine ausreichende Brennweite verfügt.
Der LDR kann natürlich über eine
nicht zu lange Leitung von der Platine
entfernt montiert werden.

Die Betriebsspannung darf zwischen
9...15 V betragen.

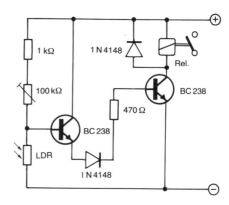

*Schaltung einer einfachen Licht-
schranke*

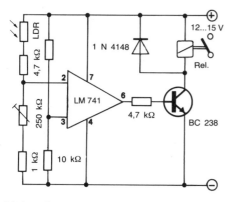

Lichtschranke mit IC LM 741 DIP

Lichtschranke mit IC LM 741

Mit dem Operations-Verstärker „741"
kann eine relativ einfache Lichtschranke aufgebaut werden. Als Lichtfühler
dient hierbei ein Fotowiderstand des
Typs LDR 03, 05 oder 07. Bei Unterbrechung des Lichtstrahls bzw. bei
Dunkelheit schaltet das Relais am Ausgang durch. Die Dimensionierung von
P 1 und R 1 hängt von den Beleuch-
tungsverhältnissen ab, auf welche der
Fotowiderstand reagieren soll. Die
Betriebsspannung kann zwischen
9...15 V betragen.

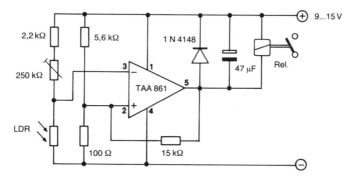

Schaltung einer Lichtschranke mit dem OP-TAA 861

Dämmerungsschalter mit dem Timer-IC NE 555

Mit nachfolgender Schaltung läßt sich auf einfache Weise ein Helligkeitsschalter aufbauen. Ist z. B. der Fotowiderstand (LDR) beleuchtet, ist dieser niederohmig. In diesem Falle liegt die Spannung am Eingang über der Einschaltspannungsschwelle. Wird der Fotowiderstand abgedunkelt, wird dieser hochohmig, die Spannung am Anschluß 2 sinkt unter die Schaltschwelle und Ausgang „3" wird positiv. Transistor T 1 wird dabei leitend und das Relais zieht an. Mit dem Trimmpoti P 1 wird die Ansprechschwelle eingestellt.

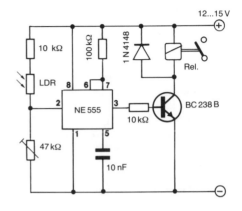

Schaltbild des Dämmerungsschalters

11. Opto-Vergleichsliste

Erläuterung zur Opto-Vergleichsliste

Typ (in Klammern) bedeutet kleine Unterschiede in der Bauform bzw. in den elektrischen oder optischen Daten.

Die genannten Vergleichstypen können bezüglich der Bauform, der optischen bzw. technischen Daten oder durch den Abstrahlwinkel bzw. die Strahlstärke minimal von den Originaltypen abweichen. Dies hat jedoch beim Austausch keinen Einfluß auf die Funktion. Im Zweifelsfalle sind die Datenblätter der Hersteller heranzuziehen.

Abkürzungen für Hersteller

GI	= General Instruments	Si	= Siemens
HP	= Hewlett-Packard	Spe	= Spectronics
Li	= Litronix	Tfk	= Telefunken
Mot	= Motorola	Ti	= Texas Instruments
Mon	= Monsanto	Va	= Valvo
Opt	= Optron	Nat	= National Semiconductor
Ph	= Philips	Fai	= Fairchild

Abkürzungen für die Funktionsbezeichnung

Fd.	= Fotodiode (Empfänger)	Fdt.	= Fotodarlingtontransistor
Ft.	= Fototransistor	SD	= IR-Sende-Diode

Die Zahl oder der Buchstabe hinter der Typenbezeichnung z. B. 1, 2, 3/A, B usw. gibt meistens die Strahlstärke bzw. den Verstärkungsfaktor dieses Bauteils an und ist von Hersteller zu Hersteller verschieden.

LEDs

Typ/ Hersteller		Farbe/ Gehäuse	Vergleichstyp
CQV 10	Si	rot diff.	TIL 209 B–1, CQY 85, LD 30
CQV 11	Si	rot diff.	TIL 216, LD 32
CQV 13	Si	gelb diff.	TIL 212, CQY 87 N, LD 36
CQV 14	Si	gelb diff.	CQY 87, LD 35, LD 36, CQV 43
CQV 15	Si	grün diff.	CQY 86 N, LD 37, CQV 45
CQV 18	Si	gelb diff.	–
CQV 19	Si	grün diff.	–
CQV 23	Si	gelb diff.	TIL 224, CQV 24, V 170 P, CQV 74, LD 56
CQV 24	Si	gelb diff.	CQY 74, V 170 P, CQV 23, LD 55
CQV 25	Si	grün diff.	CQY 72, V 169 P, LD 57
CQV 26	Si	rot diff.	(V 540 P)
CQV 28	Si	gelb diff.	(V 543 P)
CQV 29	Si	grün diff.	(V 542 P)
CQV 30	Si	rot klar	CQX 25 N, CQX 25
CQV 31	Si	rot klar	(CQX 25 N)
CQV 33	Si	gelb klar	CQX 27, CQX 27 N
CQV 35	Si	grün klar	CQX 26, CQX 26 N
CQV 36	Si	rot diff.	V 510 P
CQV 37	Si	rot diff,	V 510 P
CQV 38	Si	gelb diff.	V 513 P
CQV 39	Si	grün diff.	V 512 P
CQV 41	Si	rot diff.	(CQY 85 N) CQV 10, LD 30
CQV 43	Si	gelb diff.	(CQY 87 N), CQV 13, LD 36, TIL 212
CQV 45	Si	grün diff.	(CQY 86 N), CQV 15, LD 37
CQV 51	Si	rot klar	TIL 221, LD 52 C, CQX 35, V 310 P, CQX 54
CQV 53	Si	gelb klar	TIL 227, LD 56 C, CQX 37, V 313 P, CQX 74
CQV 55	Si	grün klar	LD 57 C, CQX 36, V 312 P, CQX 64, CQV 55
CQV 56	Si	rot diff.	(V 520 P)
CQV 57	Si	rot diff.	(V 520 P)
CQV 58	Si	gelb diff.	(V 523 P)
CQV 58	Si	grün diff.	(V 522 P)
CQX 10	Tfk	rot diff.	(CQX 40), LD 80, RL 10
CQX 11	Tfk	grün diff.	LD 87, GL-11
CQX 12	Tfk	gelb diff.	LD 86, YL-12
CQX 13	Si	grün diff.	(weitwinkel)
CQX 21	Tfk	rot diff.	FRL 4403 (blink LED), V 621 P
CQX 22	Tfk	rot/grün	blink LED
CQX 23	Si	rot diff.	weitwinkel
CQX 25	Tfk	rot klar	CQV 30, (CQV 31)
CQX 26	Tfk	grün klar	CQV 35
CQX 27	Tfk	gelb klar	CQV 33
CQX 33	Si	gelb diff.	weitwinkel
CQX 35	Tfk	rot klar	V 310 P, TIL 231, CQV 51, LD 52 C, CQX 54
CQX 36	Tfk	grün klar	CQX 96, V 312 P, CQV 55, LD 57 C

LEDs

Typ/ Hersteller		Farbe/ Gehäuse	Vergleichstyp
CQX 37	Tfk	gelb klar	V 313 P, CQV 53, TIL 227, LD 56 C, CQX 74
CQX 38	Tfk	or/rt diff.	(CQY 40)
CQX 39	Tfk	orangerot	V 311 P
CQX 40	Tfk	orangerot	(CQX 10)
CQX 42	Tfk	orangerot	–
CQX 43 N	Tfk	orangerot	(CQX 41 N)
CQX 51	Va	rot diff.	(QV 20, LD 41, LD 50, LD 500, V 168 P, CQY 40
CQX 54	Va	rot klar	LD 52 C, CQV 51, CQX 35, V 310 P
CQX 55	Va	rot diff.	–
CQX 56	Va	rot diff.	–
CQX 57	Va	rot diff.	–
CQX 58	Va	rot diff.	–
CQX 64	Va	grün klar	LD 57 C, CQV 55, CQX 96, CQX 36, V 312 P
CQX 65	Va	grün diff.	–
CQX 66	Va	grün diff.	–
CQX 67	Va	grün diff.	–
CQX 68	Va	grün diff.	–
CQX 74	Va	gelb klar	LD 56 C, CQV 53, CQX 37, V 313 P
CQX 75	Va	gelb diff.	–
CQX 76	Va	gelb diff.	–
CQX 77	Va	gelb diff.	–
CQX 78	Va	gelb diff.	–
CQX 95	Tfk	rt/gn diff.	LD 100 zweifarben LED
CQX 96	Tfk	grün klar	CQX 36, V 312 P, CQV 55, LD 57 C, CQX 64
CQY 24 B	Va	rot diff.	CQY 40, V 168 P
CQY 40	Tfk	rot diff.	V 168 P, (CQV 20), (LD 41), TIL 220
CQY 41	Tfk	rot diff.	CQY 41 N, TIL 261, (LD 461)
CQY 54	Va	rot diff.	TIL 209, CQV 10, LD 30, CQY 85
CQY 72	Tfk	grün diff.	V 169 P, TIL 234-2, CQY 94, LD 57, VQA 23
CQY 73	Tfk	grün diff.	CQY 73 N, TIL 271
CQY 73 N	Tfk	grün diff.	(CQY 73), TIL 271, (LD 471), (VQA 25)
CQY 74	Tfk	gelb diff.	V 170 P, TIL 224, CQY 96, LD 55, VQA 33
CQY 75	Tfk	gelb diff.	CQY 75 N, (TIL 281)
CQY 75 N	Tfk	gelb diff.	(CQY 75), (LD 481)
CQY 85 N	Tfk	rot diff.	CQV 10, (CQV 11), LD 30, (LD 32), TIL 209 B
CQY 86 N	Tfk	grün diff.	CQV 15, LD 37, CQV 45, TIL 232
CQY 87 N	Tfk	gelb diff.	CQV 13, CQV 43, LD 36, TIL 212
CQY 94	Va	grün diff.	CQV 25, LD 57, V 169 P, CQY 72
CQY 95	Va	grün diff.	CQV 15, LD 37, CQV 45, TIL 232
CQY 96	Va	gelb diff.	CQV 23, CQV 24, LD 55, LD 56, V 170 P, CQY 74
FLV 100	Fai	rot	TIL 221, MV-3
FLV 101	Fai	rot diff.	TIL 220
FLV 102	Fai	rot diff.	TIL 220

LEDs

Typ/ Hersteller		Farbe/ Gehäuse	Vergleichstyp
FLV 104	Fai	rot klar	TIL 221
FLV 104 A	Fai	rot klar	NSL 5027
FLV 110	Fai	rot diff.	(NSL 5046), TIL 220, 5082-4880, MV 5026, RL 2
FLV 111	Fai	rot klar	(NSL 5040), TIL 221, RL 2-04
FLV 112	Fai	rot	(NSL 5041), TIL 220, RL 2-03
FLV 117	Fai	rot diff.	(NSL 5046), TIL 220
FLV 140	Fai	rot diff.	NSL 5046, 5082–4790
FLV 150	Fai	rot diff.	NSL 5056
FLV 160	Fai	rot diff.	5082–4403, NSL 5020, MV 5024, (LD 41 A)
FLV 310	Fai	grün diff.	(NSL 5253)
FLV 340	Fai	grün diff.	5082-4990, 5082-4992, (NSL 5253 A)
FLV 350	Fai	grün diff.	NSL 5253 A
FLV 360	Fai	grün diff.	NSL 5253 A
FLV 440	Fai	gelb diff.	5082-4590
FLV 510	Fai	rot diff.	(NSL 5753)
FLV 540	Fai	rot diff.	(NSL 5753)? 5082-4690
FLV 550	Fai	rot diff.	NSL 5753
FLV 560	Fai	rot diff.	NSL 5753
FRL 2000	Li	rot diff.	FRL 4403, CQX 21 (Blink LED)
FRL 4403	Li	rot diff.	CQX 21, FRL 2000 (Blink LED)
GL 11	Li	gelb diff.	CQX 11, LD 87
LD 30	Si	rot diff.	TIL 209 B-1, (CQV 41), CQV 10, CQY 85
LD 30 C	Si	rot klar	CQV 30, CQX 25
LD 32	Si	rot diff.	TIL 216-1, (CQV 41), CQV 11
LD 32 C	Si	rot klar	CQV 31
LD 35	Si	gelb diff.	TIL 212-1, (CQV 43), CQV 13, CQY 87 N
LD 36	Si	gelb diff.	TIL 212-1, (CQV 43), CQV 14
LD 36 C	Si	gelb klar	CQV 33, CQX 27
LD 37	Si	grün diff.	(CQV 45), CQV 15, CQY 86 N
LD 37 C	Si	grün klar	CQV 35, CQX 26
LD 41	Si	rot diff.	TIL 220-A-1, CQV 20, LD 500, CQY 40, CQY 24 A
LD 50	Si	rot diff.	TIL 221 A-1, CQV 20, LD 500, CQY 40, CQY 24
LD 52	Si	rot diff.	TIL 228, CQV 21, LD 502
LD 52 C	Si	rot klar	TIL 231-2, CQX 35, (V 310 P)
LD 55	Si	gelb diff.	CQV 24, TIL 224, LD 506, CQY 74 L, V 170 P
LD 56	Si	gelb diff.	CQV 23, TIL 224, LD 506
LD 56 C	Si	gelb klar	CQX 37, TIL 227-2, (V 313 P), CQV 53
LD 57	Si	grün diff.	CQV 25, TIL 234, CQY 72 L, V 169 P, CQY 94
LD 57 C	Si	grün klar	CQX 36, (V 312 P), CQX 96, CQV 55
LD 80	Si	rot diff.	CQX 10
LD 82	Si	rot diff.	CQX 10
LD 86	Si	gelb diff.	CQX 12

LEDs

Typ/ Hersteller		Farbe/ Gehäuse	Vergleichstyp
LD 87	Si	grün diff.	CQX 11
LD 100	Si	rot/grün	CQX 95
LD 110	Si	rot/grün	V 518 P
LD 111	Si	rot/grün	–
LD 112	Si	rot/grün	–
LD 113	Si	rot/grün	–
LD 121	Si	rot klar	–
LD 161	Si	gelb klar	–
LD 171	Si	grün klar	–
LD 350	Si	rot diff.	CQV 10, CQV 11
LD 352	Si	rot diff.	CQV 10, CQV 11
LD 356	Si	gelb diff.	CQV 13
LD 357	Si	grün diff.	CQV 15
LD 460	Si	rot diff.	TIL 270, Zeile mit 10 LEDs
LD 461	Si	rot diff.	MV 54, (CQV 41), (V 139 P), TIL 261, 5082-4100
LD 462	Si	rot diff.	TIL 262, Zeile mit 2 LEDs
LD 463	Si	rot diff.	TIL 263, Zeile mit 3 LEDs
LD 464	Si	rot diff.	TIL 264, Zeile mit 4 LEDs
LD 465	Si	rot diff.	TIL 265, Zeile mit 5 LEDs
LD 466	Si	rot diff.	TIL 266, Zeile mit 6 LEDs
LD 467	Si	rot diff.	TIL 267, Zeile mit 7 LEDs
LD 468	Si	rot diff.	TIL 268, Zeile mit 8 LEDs
LD 469	Si	rot diff.	TIL 269, Zeile mit 9 LEDs
LD 470	Si	grün diff.	TIL 280, Zeile mit 10 LEDs
LD 471	Si	grün diff.	TIL 271, CQY 73, 5082-4190
LD 472	Si	grün diff.	TIL 272, Zeile mit 2 LEDs
LD 473	Si	grün diff.	TIL 273, Zeile mit 3 LEDs
LD 474	Si	grün diff.	TIL 274, Zeile mit 4 LEDs
LD 475	Si	grün diff.	TIL 275, Zeile mit 5 LEDs
LD 476	Si	grün diff.	TIL 276, Zeile mit 6 LEDs
LD 477	Si	grün diff.	TIL 277, Zeile mit 7 LEDs
LD 478	Si	grün diff.	TIL 278, Zeile mit 8 LEDs
LD 479	Si	grün diff.	TIL 279, Zeile mit 9 LEDs
LD 480	Si	gelb diff.	TIL 290, Zeile mit 10 LEDs
LD 481	Si	gelb diff.	TIL 281
LD 482	Si	gelb diff.	TIL 282, Zeile mit 2 LEDs
LD 483	Si	gelb diff.	TIL 283, Zeile mit 3 LEDs
LD 484	Si	gelb diff.	TIL 284, Zeile mit 4 LEDs
LD 485	Si	gelb diff.	TIL 285, Zeile mit 5 LEDs
LD 486	Si	gelb diff.	TIL 286, Zeile mit 6 LEDs
LD 487	Si	gelb diff.	TIL 287, Zeile mit 7 LEDs
LD 488	Si	gelb diff.	TIL 288, Zeile mit 8 LEDs
LD 489	Si	gelb diff.	TIL 289, Zeile mit 9 LEDs
LD 491	Si	gelb	LD 481, MV 53, 5082-4140
LD 500	Si	rot diff.	CQY 40, V 168 P, LD 41, LD 52, CQV 20

LEDs

Typ/ Hersteller		Farbe/ Gehäuse	Vergleichstyp
LD 502	Si	rot diff.	(CQY 40), (V 168 P), CQV 21, TIL 228
LD 506	Si	gelb diff.	CQY 74, (V 170 P), (LD 55), LD 56
LD 507	Si	grün diff.	CQY 72, V 169 P, LD 57, CQV 25
LD 602	Si	rot diff.	–
LD 606	Si	gelb diff.	–
LD 607	Si	grün diff.	–
MV 10 B	Mon	rot klar	(TIL 209)
MV 50	Mon	rot	TIL 261
MV 54	Mon	rot	(TIL 261), (LD 461), (CQY 41), VQA 15
MV 55	Mon	rot	TIL 261
MV 5020	Mon	rot klar	TIL 221, NSL 5020
MV 5021	Mon	rot diff.	TIL 220, FLV 160
MV 5022	Mon	rot trans.	TIL 221, NSL 5022
MV 5023	Mon	rot diff.	TIL 220, NSL 5023, FLV 160
MV 5024	Mon	rot diff.	TIL 220, NSL 5024, FLV 160
MV 5025	Mon	rot diff.	TIL 220, NSL 5025, FLV 160
MV 5026	Mon	rot diff.	TIL 220, NSL 5026, FLV 160
MV 5050	Mon	rot klar	NSL 5050
MV 5051	Mon	rot diff.	NSL 5051
MV 5052	Mon	rot klar	NSL 5052
MV 5053	Mon	rot diff.	TIL 220, NSL 5053, (LD 41), (CQY 24)
MV 5054	Mon	rot diff.	TIL 221, NSL 5057
MV 5055	Mon	rot diff.	TIL 220, NSL 5053, (CQY 40 L), CQY 24 A
MV 5056	Mon	rot diff.	TIL 220, NSL 5056
MV 5074	Mon	rot	TIL 209 B 1, NSL 5086
MV 5075	Mon	rot	NSL 5086, TIL 209 A
MV 5075	Mon	rot	NSL 5086, TIL 209 A
MV 5152	Mon	or klar	CQX 39, V 311 P
MV 5252	Mon	grün klar	CQX 36, V 312 P, CQX 96, NSL 5252 A
MV 5253	Mon	grün diff.	NSL 5253 A
MV 5254	Mon	grün diff.	NSL 5253 A
MV 5274	Mon	grün diff.	(CQY 72, V 169 P), NSL 5274
MV 5352	Mon	gelb klar	CQX 37, V 313 P, NSL 5352
MV 5353	Mon	gelb diff.	CQY 74, V 170 P, NSL 5353 A
MV 5377	Mon	gelb diff.	(TIL 213)
MV 5774	Mon	or diff.	TIL 209 A, CQX 38
MV 5777	Mon	or diff.	(TIL 209 A)
NSL 4944	Nat	rot diff.	RLC 200, (RLC 201)
NSL 5020	Nat	rot klar	MV 5020, LD 52 C, CQV 51
NSL 5022	Nat	rot trans.	MV 5022
NSL 5053	Nat	rot diff.	MV 5023
NSL 5024	Nat	rot diff.	MV 5024
NSL 5026	Nat	rot diff.	MV 5026

LEDs

Typ/ Hersteller		Farbe/ Gehäuse	Vergleichstyp
NSL 5027	Nat	rot diff.	FLV 104 A
NSL 5040	Nat	rot klar	(FLV 111)
NSL 5041	Nat	rot diff.	(FLV 112)
NSL 5042	Nat	rot trans.	(FLV 141), FLV 161
NSL 5043	Nat	rot diff.	(CQY 40, LD 41, CQV 20)
NSL 5046	Nat	rot diff.	FLV 140, (FLV 110)
NSL 5050	Nat	rot klar	MV 5050, TIL 221, RL 20-04
NSL 5052	Nat	rot trans.	MV 5052, FLV 151, RL 20-02
NSL 5053	Nat	rot diff.	MV 5053, TIL 222, FLV 350, RL 4850
NSL 5056	Nat	rot diff.	MV 5056, TIL 220, FLV 150, RL -20
NSL 5057	Nat	rot diff.	MV 5054-1, FLV 160, RL 2000
NSL 5058	Nat	rot diff.	(LD 41, CQV 20)
NSL 5080	Nat	rot klar	RL 209, (CQV 30)
NSL 5081	Nat	rot diff.	RL 209-03
NSL 5082	Nat	rot trans.	RL 209-02
NSL 5086	Nat	rot diff.	MV 5075 B, TIL 209 A, RL 209, CQV 10
NSL 5252	Nat	grün trans.	MV 5252
NSL 5253	Nat	grün diff.	MV 5253, MV 5254
NSL 5274	Nat	grün	GL 4448
NSL 5352	Nat	gelb trans.	MV 5352
NSL 5353	Nat	gelb diff.	MV 5353
NSL 5374	Nat	grün	MV 5274, MV 5374 B, TIL 211, YL 4448
NSL 5752	Nat	rot trans.	–
NSL 5774	Nat	rot	HLMP-1300
NSL 6050	Nat	rot klar	CQX 35
NSL 6051	Nat	rot weiß	–
NSL 6052	Nat	rot trans.	(CQX 35)
NSL 6053	Nat	rot diff.	CQY 40
NSL 6055	Nat	rot diff.	CQY 40
NSL 6056	Nat	rot diff.	(CQY 40)
NSL 6152	Nat	or trans.	(CQX 33)
NSL 6153	Nat	or diff.	(CQX 38)
NSL 6154	Nat	or diff.	(CQX 38)
NSL 6252	Nat	grün trans.	(CQY 72)
NSL 6253	Nat	grün diff.	CQY 72
NSL 6254	Nat	grün diff.	(CQY 72)
NSL 6352	Nat	gelb trans.	(CQX 37)
NSL 6353	Nat	gelb diff.	CQY 74
NSL 6354	Nat	gelb diff.	(CQY 74)
NSL 6752	Nat	or trans.	(V 311 P)
NSL 6753	Nat	or diff.	CQX 38
NSL 6754	Nat	or diff.	(CQX 38)
RL 10	Li	rot diff.	CQX 10, LD 80
RL 20	Li	rot diff.	TIL 220, NSL 5056, MV 5054-1

LEDs

Typ/ Hersteller		Farbe/ Gehäuse	Vergleichstyp
RL 20-02	Li	rot klar	NSL 5052, TIL 221
RL 2000	Li	rot diff.	NSL 5057, MV 5454-2
RL 209	Li	rot diff.	NSL 5068, TIL 209 A
RL 209 A	Li	rot diff.	NSL 5086, TIL 209 A
RL 209-1	Li	rot diff.	NSL 5086, TIL 209 A
RL 209-2	Li	rot diff.	(NSL 5086), TIL 209 A
RL 209-02	Li	rot trans.	NSL 5082, TIL 209 A
RL 209-03	Li	rot/weiß	NSL 5081, TIL 209 A
RL 209-04	Li	rot klar	NSL 5080, TIL 209 A
RL 21	Li	rot diff.	NSL 5056, TIL 220, MV 5053
RL 21-02	Li	rot trans.	NSL 5052, TIL 221
RL 21-04	Li	rot klar	NSL 5050, TIL 221
RL 50	Li	rot klar	TIL 261
RL 50-01	Li	rot diff.	TIL 261
RL 50-02	Li	rot klar	TIL 261
RL 50-03	Li	rot weiß	TIL 261
RL 54	Li	rot diff.	TIL 261
RL 4403	Li	rot diff.	NSL 5056, MV 5063
RL 4480	Li	rot diff.	NSL 5086
RL 4480-1	Li	rot diff.	NSL 5086
RL 4480-2	Li	rot diff.	NSL 5086
RL 4480-5	Li	rot diff.	NSL 5086
RL 4484	Li	rot diff.	NSL 5086, TIL 209 A
RL 4850	Li	rot diff.	NSL 5053, TIL 220, MV 5053
RL 5054-1	Li	rot diff.	NSL 5057, TIL 220, MV 5054-1
RL 5054-2	Li	rot diff.	NSL 5057, TIL 220, MV 5054-2
RL 5054-5	Li	rot diff.	NSL 5057
RLC 200	Li	rot diff.	NSL 4944 Konstantstrom LED 4,5...12,5 V, 5 mm
RLC 201	Li	rot diff.	(NSL 4944) dto. 4,5...16 V
RLC 210	Li	rot diff.	(NSL 4944) dto. 4,5...11 V, 3 mm ⌀
TIL 209 B1	Ti	rot diff.	CQX 35 A, CQY 54, LD 30 I, 5082-4486
TIL 209 B2	Ti	rot diff.	CQY 88, LD 30 II, 5082-4480
TIL 212-1	Ti	gelb	CQY 67, CQY 87, CQY 97, LD 35 A
TIL 212-2	Ti	gelb	LD 35 II
TIL 216-1	Ti	rot	CQX 41, LD 32 I
TIL 216-2	Ti	rot	CQX 41, LD 32 II
TIL 220-1	Ti	rot diff.	CQY 40 L, CQY 46, CQY 61, LD 41 A
TIL 220 A-2	Ti	rot diff.	CQY 40 L, CQY 46, NSL 5056
TIL 221-1	Ti	rot klar	CQY 47, MLED 665, LD 52 C
TIL 221-2	Ti	rot klar	CQY 47, LD 52 C, CQX 35, VQA 13-1B
TIL 224-1	Ti	gelb diff.	CQY 74 L, LD 55, CQV 24, LD 506
TIL 224-2	Ti	gelb diff.	CQY 96, LD 55 A, CQV 23, VQA 33
TIL 227-1	Ti	gelb klar	LD 56 C, CQX 37, CQV 53
TIL 227-2	Ti	gelb klar	LD 56 C, CQX 37, CQV 53

LEDs

Typ/ Hersteller		Farbe/ Gehäuse	Vergleichstyp
TIL 228-1	Ti	rot diff.	CQX 38 A, LD 52
TIL 228-2	Ti	rot diff.	CQX 38 B, LD 52 II
TIL 231-1	Ti	rot klar	CQX 39 A, LD 52 C, CQX 35
TIL 231-2	Ti	rot klar	CQX 39 B, LD 52 C, CQX 35
TIL 232-1	Ti	grün diff.	CQY 66, CQY 86, CQY 95
TIL 232-2	Ti	grün diff.	CQY 66, CQY 95, LD 37
TIL 234-1	Ti	grün diff.	LD 57, CQY 72 1, V 169 P, VQA 23 C
TIL 234-2	Ti	grün diff.	CQY 72 L, LD 57
TIL 236-1	Ti	grün klar	CQX 36, CQX 96, LD 57 C, CQV 55 F
TIL 236-2	Ti	grün klar	CQX 36, LD 57 C, CQV 55 G
TIL 261	Ti	rot diff.	CQY 41, CQY 59, LD 461, (MV 50)
TIL 262	Ti	rot diff.	LD 462
TIL 263	Ti	rot diff.	LD 463
TIL 264	Ti	rot diff.	LD 464
TIL 265	Ti	rot diff.	LD 465
TIL 266	Ti	rot diff.	LD 466
TIL 267	Ti	rot diff.	LD 467
TIL 268	Ti	rot diff.	LD 468
TIL 269	Ti	rot diff.	LD 469
TIL 270	Ti	rot diff.	LD 460
TIL 271	Ti	grün diff.	LD 471, (CQY 73)
TIL 272	Ti	grün diff.	LD 472
TIL 273	Ti	grün diff.	LD 473
TIL 274	Ti	grün diff.	LD 474
TIL 275	Ti	grün diff.	LD 475
TIL 276	Ti	grün diff.	LD 476
TIL 277	Ti	grün diff.	LD 477
TIL 278	Ti	grün diff.	LD 478
TIL 279	Ti	grün diff.	LD 479
TIL 280	Ti	grün diff.	LD 470
TIL 281	Ti	gelb diff.	LD 481, (CQY 75)
TIL 282	Ti	gelb diff.	LD 482
TIL 283	Ti	gelb diff.	LD 483
TIL 284	Ti	gelb diff.	LD 484
TIL 285	Ti	gelb diff.	LD 485
TIL 286	Ti	gelb diff.	LD 486
TIL 287	Ti	gelb diff.	LD 487
TIL 288	Ti	gelb diff.	LD 488
TIL 289	Ti	gelb diff.	LD 489
TIL 290	Ti	gelb diff.	LD 480
V 168 P	Tfk	rot diff.	CQY 40, CQX 23, TIL 220
V 169 P	Tfk	grün diff.	CQY 72, CQY 94, LD 57, VQA 23
V 170 P	Tfk	gelb diff.	CQY 74, CQY 96, LD 55
V 310 P	Tfk	rot klar	CQX 35, CQV 51, LD 52 C, CQV 54
V 311 P	Tfk	or/rot klar	CQX 39

LEDs

Typ/ Hersteller		Farbe/ Gehäuse	Vergleichstyp
V 312 P	Tfk	grün klar	CQX 36, CQX 96, CQV 55, LD 57 C
V 313 P	Tfk	gelb klar	CQV 53, TIL 227, LD 56 C, CQX 74
V 320 P	Tfk	rot diff.	–
V 321 P	Tfk	or/rot diff.	–
V 322 P	Tfk	grün diff.	–
V 323 P	Tfk	gelb diff.	–
V 330 P	Tfk	rot diff.	–
V 331 P	Tfk	or/rot diff.	–
V 332 P	Tfk	grün diff.	–
V 333 P	Tfk	gelb diff.	–
V 340 P	Tfk	rot diff.	–
V 341 P	Tfk	or/rot diff.	–
V 342 P	Tfk	grün diff.	–
V 343 P	Tfk	gelb diff.	–
V 510 P	Tfk	rot diff.	CQV 36
V 511 P	Tfk	or/rot diff.	V 510 P, (CQV 36)
V 512 P	Tfk	grün diff.	CQV 39
V 513 P	Tfk	gelb diff.	CQV 38
V 518 P	Tfk	rt/gn diff.	LD 110 zweifarbig
V 520 P	Tfk	rot diff.	(CQV 56)
V 521 P	Tfk	or/rot diff.	(CQV 56)
V 522 P	Tfk	grün diff.	(CQV 59)
V 523 P	Tfk	gelb diff.	(CQV 58)
V 530 P	Tfk	rot diff.	(CQV 16)
V 531 P	Tfk	or/rot diff.	–
V 532 P	Tfk	grün diff.	(CQV 19)
V 533 P	Tfk	gelb diff.	(CQV 18)
V 540 P	Tfk	rot diff.	(CQV 26)
V 541 P	Tfk	or/rot diff.	–
V 542 P	Tfk	grün diff.	(CQV 29)
V 543 P	Tfk	gelb diff.	(CQV 28)
V 550 P	Tfk	rot diff.	–
V 551 P	Tfk	or/rot diff.	–
V 552 P	Tfk	grün diff.	–
V 553	Tfk	gelb diff.	–
V 621 P	Tfk	or/rot diff.	CQX 21 blink LED
V 622 P	Tfk	grün diff.	blink LED
V 623 P	Tfk	gelb diff.	blink LED
VQA 13	DDR	rot	LD 41 A, CQY 40 L, TIL 220, CQY 24 A
VQA 15	DDR	rot	LD 461, MV 54, (CQY 41)
VQA 23	DDR	grün diff.	LD 57 A, CQY 94, CQY 72, TIL 222, V 169 P
VQA 33	DDR	gelb diff.	LD 55 A, CQY 74, TIL 224, CQY 96, V 170 P
VQA 35	DDR	gelb diff.	LD 491, MV 53, 5082-4150
YL-12	Lit	gelb diff.	CQX 12, LD 86

LEDs

Typ/ Hersteller	Farbe/ Gehäuse	Vergleichstyp
HLMP-1300	rot diff.	NSL 5774
HLMP-1301	rot diff.	NSL 5774
HLMP-1302	rot diff.	NSL 5774
HLMP-1400	gelb diff.	NSL 5374
HLMP-1401	gelb diff.	NSL 5374
HLMP-1402	gelb diff.	NSL 5374
HLMP-1500	grün diff.	NSL 5274
HLMP-1501	grün diff.	NSL 5274
HLMP-1502	grün diff.	NSL 5274
5082-4403	rot diff.	NSL 5056, TIL 220 A, FLV 160
5082-4440	rot diff.	NSL 5056, TIL 220 A, FLV 160
5082-4480	rot diff.	NSL 5086, TIL 209 B
5082-4483	rot diff.	NSL 5081, TIL 209 B
5082-4484	rot diff.	NSL 5086, TIL 209 B
5082-4486	rot diff.	NSL 5080, (TIL 209 B)
5082-4487	rot diff.	NSL 5080
5082-4488	rot klar	NSL 5080
5082-4494	rot diff.	NSL 5086
5082-4550	gelb diff.	NSL 5353 A, TIL 224-1, V 170 P, CQY 74 L
5082-4555	gelb diff.	NSL 5353 A, TIL 224 A
5082-4557	gelb klar	NSL 5352 A
5082-4558	gelb klar	NSL 5352 A
5082-4584	gelb diff.	NSL 5374, TIL 212-1
5082-4650	rot diff.	NSL 5753, TIL 228-1, MV 5054-1
5082-4655	rot diff.	NSL 5753, TIL 228-2
5082-4657	rot klar	NSL 5752
5082-4658	rot trans.	NSL 5752
5082-4684	rot diff.	NSL 5774, TIL 216-2
5082-4790	rot diff.	NSL 5046
5082-4791	rot diff.	NSL 5043
5082-4850	rot diff.	TIL 220 A, NSL 5053, MV 5056, CQY 40
5082-4855	rot diff.	NSL 5056, MV 5053, CQY 40 L
5082-4860	rot diff.	NSL 4944, RLC 201
5082-4880	rot diff.	NSL 5056, TIL 220, CQY 40 L, CQY 24
5082-4881	rot diff.	NSL 5057, TIL 220
5082-4882	rot diff.	NSL 5057, TIL 220
5082-4883	rot klar	NSL 5050, TIL 221
5082-4884	rot klar	NSL 5050, TIL 221
5082-4885	rot klar	NSL 5050, TIL 221
5082-4886	rot diff.	(NSL 5041), TIL 220
5082-4887	rot diff.	(NSL 5041), TIL 220
5082-4888	rot diff.	(NSL 5041), TIL 220
5082-4950	grün diff.	NSL 5253 A, TIL 2341-1, V 169 P
5082-4955	grün diff.	NSL 5253 A, TIL 234-2
5082-4957	grün trans.	NSL 5252 A

Fotodioden und Fototransistoren

Typ/Hersteller			Vergleichstyp
BP 103	Si	Ft.	(BP 103 B); BPX 70
BP 103 B	Si	Ft.	–
BP 104	Tfk/Si	Ft.	BPW 34
BPW 13	Tfk	Ft.	TIL 99, BPX 38
BPW 14	Tfk	Ft.	TIL 81, MRD 300, BPX 25, BPY 62, BPX 43
BPW 16 N	Tfk	Ft.	MRD 160, (TIL 629)
BPW 17 N	Tfk	Ft.	BPX 81, MRD 160, (TIL 621)
BPW 20	Tfk	Fd.	BPW 21, S 153 P, (BPX 60)
BPW 21	Tfk	Fd.	BPW 20
BPW 22 A	Tfk	Ft.	–
BPW 24	Tfk	Fd.	BPX 66
BPW 28	Tfk	Fd.	TIED 56
BPW 32	Si	Fd.	BPX 92
BPW 34	Tfk/Si	Fd.	BP 104, TIL 100
BPW 35	Tfk	Fd.	BPY 63 P
BPW 39	Tfk	Ft.	–
BPW 40	Tfk	Ft.	BP 103 B, SP 201, (TIL 78)
BPW 41	Tfk	Fd.	BPW 50, SFH 205, SFH 206, (TIL 100)
BPW 42	Tfk	Ft.	SFH 309, TIL 78
BPW 43	Tfk	Fd.	(BPX 63)
BPW 50	Va	Fd.	BPW 41, SFH 205, SFH 206
BPX 25	Va	Ft.	BPX 43-3, (BPW 14) MRD 300
BPX 29	Va	Ft.	BPX 38-1, MRD 810
BPX 34	Si	Fd.	–
BPX 38	Si	Ft.	BPW 13, (TIL 99), MRD 3055
BPX 43	Si	Ft.	TIL 81, MRD 3056
BPX 48	Si	Fd.	–
BPX 60	Si	Fd.	–
BPX 61	Si	Fd.	(SP 101)
BPX 63	Si	Fd.	–
BPX 65	Si	Fd.	(TIED 80)
BPX 66	Si	Fd.	(TIED 80)
BPX 66 P	Va	Ft.	–
BPX 70		Ft.	BP 103
BPX 71	Va	Ft.	LS 600, (BPY 62), (TIL 81) MRD 601
BPX 72	Va	Ft.	BPY 62, BP 103-3, TIL 81, (MRD 450)
BPX 80	Si	Ft.	TIL 630
BPX 81	Si	Ft.	(BPW 16 N), BPW 17, TIL 621, MRD 160
BPX 82	Si	Ft.	TIL 622
BPX 83	Si	Ft.	TIL 623
BPX 84	Si	Ft.	TIL 624
BPX 85	Si	Ft.	TIL 625
BPX 86	Si	Ft.	TIL 626
BPX 87	Si	Ft.	TIL 627
BPX 88	Si	Ft.	TIL 628

Fotodioden und Fototransistoren

Typ/Hersteller			Vergleichstyp
BPX 89	Si	Ft.	TIL 629
BPX 90	Si	Fd.	BPW 34
BPX 91	Si	Fd.	BPW 34
BPX 92	Si	Fd.	BPX 93
BPX 93	Si	Fd.	–
BPX 94	Va	Fd.	BPX 66
BPX 95	Va	Ft.	BPW 40, BP 103 B
BPX 98	Va	Fd.	(BPX 90, BPY 11)
BPX 99	Tfk	Ft.	–
BPY 12	Si	Fd.	–
BPY 61	Si	Ft.	–
BPY 62	Si	Ft.	BPW 14, BPX 72, TIL 81, MRD 3055
CQW 13	Tfk	SD	V 390 P, CQY 98, (LD 271 H)
CQW 14	Tfk	SD	LD 271, V 290 P, CQY 99
CQX 18	Tfk	SD	–
CQX 19	Tfk	SD	(TIL 209 B)
CQX 46	Tfk	SD	SFH 409, TIL 32
CQX 47	Tfk	SD	–
CQY 17	Si	SD	CQY 32, CQY 35 N, TIL 31, SFH 401, CQY 78-1
CQY 31	Tfk	SD	SFH 402-1, TIL 33, MLED 930
CQY 32	Tfk	SD	CQY 17, SFH 401, SFH 400-1, TIL 34, MLED 930
CQY 33 N	Tfk	SD	TIL 33, SFH 402
CQY 34 N	Tfk	SD	SFH 401, CQY 78, TIL 31
CQY 35 N	Tfk	SD	CQY 17, SFH 401, TIL 31
CQY 36 N	Tfk	SD	(LD 261), (TIL 49)
CQY 37 N	Tfk	SD	LD 261, MLED 60
CQY 49 B	Va	SD	(CQY 34 N)
CQY 77	Si	SD	SFH 400, TIL 31
CQY 78	Si	SD	CQY 34 N, TIL 33
CQY 98	Tfk	SD	V 390 P, CQW 13, (LD 271)
CQY 99	Tfk	SD	V 290 P, CQW 14, LD 271, TIL 38
LD 241	Si	SD	LD 242
LD 242	Si	SD	(TIL 31)
LD 261	Si	SD	CQY 37, CQY 36, TIL 41
LD 262	Si	SD	TIL 42
LD 263	Si	SD	TIL 43
LD 266	Si	SD	TIL 46
LD 269	Si	SD	TIL 49
LD 271	Si	SD	CQW 14, CQY 99, TIL 38, V 290 P
LD 273	Si	SD	(CQX 47)

Fotodioden und Fototransistoren

Typ/Hersteller			Vergleichstyp
MLED 60	Mot	SD	(TIL 26, LD 261-2)
MLED 90	Mot	SD	(TIL 32, LD 261-2)
MLED 92	Mot	SD	(TIL 32)
MLED 95	Mot	SD	–
MLED 900	Mot	SD	(LD 271)
MLED 930	Mot	SD	TIL 31, TIL 34, CQY 17-4
MRD 150	Mot	Ft.	BP 103 B-2
MRD 160	Mot	Ft.	–
MRD 300	Mot	Ft.	TIL 81, BPX 43-3, BPW 14, FPT 500
MRD 310	Mot	Ft.	BPX 43-2
MRD 360	Mot	Fdt.	BPW 30
MRD 370	Mot	Fdt.	BPX 25 A
MRD 450	Mot	Ft.	BP 103 B
MRD 500	Mot	Fd.	(TIL 209 A, BPX 65)
MRD 3050	Mot	Ft.	BPY 62-1, TIL 63, TIL 64, (BP 101)
MRD 3051	Mot	Ft.	BPY 62-1, BPW 14
MRD 3054	Mot	Ft.	TIL 66, FPT 510
MRD 3055	Mot	Ft.	FPT 510, FPT 510 A
MRD 3056	Mot	Ft.	TIL 67
SFH 200	Si	Fd.	–
SFH 203	Si	Fd.	–
SFH 205	Si	Fd.	(BPW 41)
SFH 206	Si	Fd.	(BPW 41)
SFH 206 K	Si	Fd.	(BPW 41)
SFH 400	Si	SD	CQY 77
SFH 401	Si	SD	CQY 17
SFH 402	Si	SD	V 123 P
TIL 31	Ti	SD	CQY 17, CQY 32, CQY 35, CQY 77, SFH 401, MLED 910
TIL 32	Ti	SD	–
TIL 33	Ti	SD	CQY 11 B, CQY 31, CQY 78
TIL 34	Ti	SD	CQY 11 C, CQY 32, CQY 77-1, MLED 930
TIL 38	Ti	SD	CQW 14, CQY 99, LD 271
TIL 41	Ti	SD	LD 261, (CQY 37)
TIL 42	Ti	SD	LD 262
TIL 43	Ti	SD	LD 263
TIL 44	Ti	SD	LD 264
TIL 45	Ti	SD	LD 265
TIL 46	Ti	SD	LD 266
TIL 47	Ti	SD	LD 267
TIL 48	Ti	SD	LD 268
TIL 49	Ti	SD	LD 269, (CQY 37)
TIL 50	Ti	SD	LD 260, CQY 39)

Fotodioden und Fototransistoren

Typ/Hersteller			Vergleichstyp
TIL 78	Ti	Ft.	(BPW 40, MRD 150)
TIL 81	Ti	Ft.	BPW 14, BPY 62, FPT 102, (BPX 43)
TIL 99	Ti	Ft.	BPW 13, BPX 43-1, (BPX 38)
TIL 100	Ti	Fd.	BPW 41, SFH 205, (BPW 34)
TIL 621	Ti	Ft.	BPX 81-1, (BPW 16)
TIL 622	Ti	Ft.	BPX 82
TIL 623	Ti	Ft.	BPX 83
TIL 624	Ti	Ft.	BPX 84
TIL 625	Ti	Ft.	BPX 85
TIL 626	Ti	Ft.	BPX 86
TIL 627	Ti	Ft.	BPX 87
TIL 628	Ti	Ft.	BPX 88
TIL 629	Ti	Ft.	BPX 89
TIL 630	Ti	Ft.	BPX 80
V 194 P	Tfk	SD	–
V 213 P	Tfk	SD	SFH 402
V 290 P	Tfk	SD	CQW 14, CQY 99, LD 271, TIL 38
V 292 P	Tfk	SD	–
V 390 P	Tfk	SD	CQW 13, CQY 98, (LD 271)

7 Segmentanzeigen

Typ/Hersteller		Farbe	Vergleichstyp
CQX 87 A	Tfk	rot	MAN 6710
CQX 87 K	Tfk	rot	MAN 6740
CQX 89 A	Tfk	orange	MAN 6610
CQX 89 K	Tfk	orange	MAN 6640
DL 304	Lit	rot	DL 704, DL 707, MAN 74 A
DL 307	Lit	rot	DL 707, MAN 72 A, MAN 72
DL 500	Lit	rot	HD 1133 r, TIL 702
DL 507	Lit	rot	HD 1131 r, TIL 701
DL 701	Lit	rot	MAN 73 A
DL 702	Lit	rot	MAN 74 A, DL 704
DL 704	Lit	rot	DL 304, DL 702, MAN 74 A
DL 707	Lit	rot	DL 307, TIL 312, TIL 709, MAN 72 A, 5032-7730
DL 707 R	Lit	rot	HD 1111, MAN 71, TIL 312, 5082-7731
DL 747	Lit	rot	DL 847, DL 3400, FND 847
DL 750	Lit	rot	DL 850, DL 3405
DL 847	Lit	rot	DL 3400, FND 847
DL 850	Lit	rot	DL 3405, FND 850
DL 3400	Lit	rot	DL 847, FND 847
DL 3405	Lit	rot	DL 850, FND 850

7-Segment-Anzeigen

Typ/Hersteller		Farbe	Vergleichstyp
FND 350	Fai	rot	FND 360
FND 357	Fai	rot	FND 367
FND 358	Fai	rot	FND 368
FND 360	Fai	rot	FND 350
FND 500	Fai	rot	TIL 322, TIL 702, HD 1133, FND 560
FND 501	Fai	rot	FND 501, HD 1134, TIL 704
FND 507	Fai	rot	TIL 321, TIL 701, HD 1131, FND 567
FND 508	Fai	rot	TIL 703, HD 1132, FND 568
FND 530	Fai	grün	TIL 324
FND 537	Fai	grün	TIL 328
FND 538	Fai	grün	TIL 331
FND 550	Fai	orange	TIL 326
FND 557	Fai	orange	TIL 325
FND 558	Fai	orange	TIL 332
FND 847	Fai	rot	DL 847, DL 3400
FND 850	Fai	rot	DL 850, DL 3405
FND 6710	Fai	rot	MAN 6710
FND 6730	Fai	rot	MAN 6730
FND 6740	Fai	rot	MAN 6740
FND 6750	Fai	rot	MAN 6750
HA 1081 r	Si	rot	TIL 312
HA 1081 g	Si	grün	TIL 314
HA 1081 y	Si	gelb	TIL 339
HA 1081 o	Si	orange	TIL 316
HD 1131 r	Si	rot	TIL 701, TIL 321, DL 507, FND 567
HD 1131 y	Si	gelb	TIL 713
HD 1131 g	Si	grün	TIL 717
HD 1131 o	Si	orange	TIL 705
HD 1132 r	Si	rot	TIL 703, FND 568
HD 1132 y	Si	gelb	TIL 715
HD 1132 g	Si	grün	TIL 719
HD 1132 o	Si	orange	TIL 707
HD 1133 r	Si	rot	TIL 702, TIL 322, DL 500, FND 560
HD 1133 y	Si	gelb	TIL 714
HD 1133 g	Si	grün	TIL 718
HD 1133 o	Si	orange	TIL 706
HD 1134 r	Si	rot	TIL 704, FND 561
HD 1134 y	Si	gelb	TIL 716
HD 1134 g	Si	grün	TIL 720
HD 1134 o	Si	orange	TIL 708

7-Segment-Anzeigen

Typ/ Hersteller		Farbe	Vergleichstyp
MAN 1 A	Mon	rot	DL-10, DL 1 A
MAN 10 A	Mon	rot	MAN 2, DL 57
MAN 101 A	Mon	rot	DL 101
MAN 6610	Mon	orange	CQX 89 A
MAN 6710	Mon	rot	CQX 87 A
MAN 6740	Mon	rot	CQX 87 K
MAN 71 A	Mon	rot	HD 1111, TIL 312, DL 707, 5082-7731
MAN 72 A	Mon	rot	DL 307, DL 707, TIL 312, XAN 72
MAN 74 A	Mon	rot	DL 304, DL 704
NSA 1188	Nat	rot	TIL 393-8
NSA 1198	Nat	rot	TIL 393-9
TIL 302	Ti	rot	DL 1 A, DL 10, MAN 1
TIL 304	Ti	rot	DL 101, MAN 101
TIL 305	Ti	rot	DL 57, MAN 2, MAN 10
TIL 312	Ti	rot	DL 707, MAN 72 A, XAN 72, 5082-7730
TIL 313	Ti	rot	5082-7740
TIL 314	Ti	grün	XAN 51, XAN 52, HA 1081 g
TIL 316	Ti	orange	XAN 81, HA 1081 o
TIL 327	Ti	rot	5082-7732
TIL 330	Ti	rot	FND 508
TIL 331	Ti	grün	FND 538
TIL 339	Ti	orange	HA 1081 o
TIL 393-8	Ti	rot	NSA 1188
TIL 393-9	Ti	rot	NSA 1198
TIL 701	Ti	rot	HD 1131 r, DL 507
TIL 702	Ti	rot	HD 1133 r, DL 500
TIL 703	Ti	rot	HD 1132 r
TIL 704	Ti	rot	HD 1134 r
TIL 705	Ti	orange	HD 1131 o
TIL 706	Ti	orange	HD 1133 o
TIL 707	Ti	orange	HD 1132 o
TIL 708	Ti	orange	HD 1134 o
TIL 713	Ti	gelb	HD 1131 y
TIL 714	Ti	gelb	HD 1133 y
TIL 715	Ti	gelb	HD 1132 y
TIL 716	Ti	gelb	HD 1134 y
TIL 717	Ti	grün	HD 1131 g
TIL 718	Ti	grün	HD 1133 g
TIL 719	Ti	grün	HD 1132 g
TIL 720	Ti	grün	HD 1134 g

Optokoppler

Typ/ Hersteller		Vergleichstyp
4 N 25	Tfk	TIL 116, FCD 820, (TIL 5)
4 N 26	Tfk/	
	Fai	TIL 116, FCD 830, OPI 2152, PC 503, 4 N 25
4 N 27	Tfk/	
	Fai	TIL 116, FCD 810, FCD 820, OPI 2151, SPX 26, 4 N 26
4 N 28	Fai	TIL 116
4 N 29	Fai	SFH 600-2, (TIL 113)
4 N 30	Fai	TIL 113, SFH 600-2
4 N 31	Fai	TIL 113, SFH 600-1
4 N 32	Fai	(TIL 113)
4 N 33	Fai	TIL 113
4 N 34	Fai	TIL 113
4 N 35	Tfk	FCD 825 A, 4 N 36, SPX 2, SPX 4, SPX 35
4 N 36	Tfk	CNY 17
4 N 37	Tfk	(TIL 113), 4 N 36
CNY 17	Si	TIL 126, TIL 127, (TIL 124)
CNY 18	Si	–
CNY 35	Ph	CNY 17-2, IL 250
CNY 47	Ph	SFH 601-1, TIL 116 A
CNY 48	Ph	TIL 113
CNY 66	Tfk	(CNY 65)
CNY 80	Fai	ILD 1
FCD 800	Fai	ILD 1
FCD 810 A	Fai	4 N 27
FCD 810 C	Fai	SFH 601-1, MOC 1006, 4 N 27
FCD 820 A	Fai	4 N 26
FCD 820 B	Fai	4 N 25
FCD 820 C	Fai	SFH 601-1, (MOC 1005)
FCD 825 A	Fai	4 N 35, 4 N 36, 4 N 37, SFH 600
FCD 825 B	Fai	4 N 35, 4 N 36, SFH 600-0
FCD 830 A	Fai	4 N 26
FCD 830 B	Fai	4 N 25
FCD 830 C	Fai	SFH 601-1
FCD 831	Fai	4 N 25
FCD 831 A	Fai	4 N 27
FCD 831 B	Fai	4 N 25
FCD 831 C	Fai	SFH 601-1, MOC 1006
FCD 836	Fai	4 N 25, 4 N 27
FCD 836 C	Fai	SFH 601-1, MOC 1006
FCD 850 C	Fai	(4 N 29), H 11 B 3
FCD 850 D	Fai	(4 N 29), H 11 B 3
FCD 855 C	Fai	4 N 29
FCD 860 C	Fai	4 N 32

Optokoppler

Typ/ Hersteller		Vergleichstyp
H 11 A 1	GE	SFH 600, TIL 117, 4 N 25
H 11 A 2	GE	4 N 26, (TIL 116)
H 11 A 3	GE	4 N 25, (TIL 116)
H 11 A 4	GE	4 N 27, (TIL 112)
H 11 A 5	GE	4 N 26, FCD 820 A
H 11 B 3	GE	FCD 850
IL 1	Lit	4 N 25, (TIL 116)
IL 5	Lit	FCD 825, (4 N 25, TIL 117)
IL 12	Lit	4 N 27, (TIL 112), 4 N 28
IL 15	Lit	4 N 27, (TIL 112)
IL 16	Lit	4 N 27, TIL 112)
IL 74	Lit	4 N 26, (TIL 111)
ILA 30	Lit	MCA 230, (4 N 33)
ILA 55	Lit	MCA 255, (4 N 33)
IL-CT 6	Lit	MCT 6, ILD 74
ILD 1	Lit	FCD 800
ILD 74	Lit	ILD 1, FCD 850
MCA 8	Mon	TIL 145, SPX 1873-13
MCA 81	Mon	TIL 146, SPX 1873-13
MCA 230	Mon	ILA 30, ILCA 2-30, (TIL 113)
MCA 255	Mon	ILCA 2-55
MCT 2	Mon	MCT 2 E, 4 N 26, (TIL 116)
MCT 2 E	Mon	CNY 18
MCT 8	Mon	TIL 143, SPX 1873-11
MCT 26	Mon	4 N 27, SPX 26, (TIL 112)
MCT 81	Mon	TIL 144, SPX 1873-11
MCT 210	GI	SFH 600-2
MCT 271	GI	CNY 17-1
MCT 272	GI	CNY 17-2, 4 N 35
MCT 274	GI	CNY 17-4
MCT 277	GI	4 N 36
OPI 2150	Opt	MOC 1006
OPI 2151	Opt	4 N 27
OPI 2152	Opt	4 N 26
OPI 2250	Opt	MOC 1006
OPI 2251	Opt	MOC 1006
OPI 2252	Opt	4 N 25
PC 603	Sha	4 N 26

Optokoppler

Typ/ Hersteller		Vergleichstyp
SCS 11 C 1	Spe	H 11 C 1
SCS 11 C 3	Spe	H 11 C 3
SCS 11 C 4	Spe	H 11 C 4
SCS 11 C 5	Spe	H 11 C 5
SCS 11 C 6	Spe	H 11 C 6
SPX 2	Spe	4 N 35, H 11 A 520
SPX 2 E	Spe	4 N 35, SFH 600-1
SPX 6	Spe	4 N 35, H 11 A 550, SFH 600-2
SPX 26	Spe	4 N 27, TIL 115, CNY 17-1
SPX 28	Spe	4 N 27
SPX 33	Spe	CNY 17-1, TIL 116, H 11 A 5
SPX 35	Spe	SFH 600-3, H 11 A 5100
SPX 53	Spe	TIL 117
SPX 103	Spe	CNY 17-3
SPX 7271	Spe	MCT 271, SFH 601-1
SPX 7272	Spe	SFH 601-2, MCT 272
SPX 7273	Spe	SFH 601-3, MCT 273
SU 25	–	4 N 25, CNY 17
TIL 102	Ti	(H 10 A 1)
TIL 111	Ti	4 N 26, 4 N 27, SFH 600-1
TIL 112	Ti	4 N 27
TIL 113	Ti	4 N 30, 4 N 31, 4 N 33, 4 N 34, MOC 1100, SCD 11 B 2
TIL 114	Ti	SPX 33, (MCT 2 F)
TIL 115	Ti	SPX 26
TIL 116	Ti	4 N 25, 4 N 26, 4 N 28, MOC 1001, (IL-1, MCT 2)
TIL 117	Ti	SFH 600-0, SPX 53, (IL-5, H 11 A 1)
TIL 118	Ti	4 N 27, SPX 26
TIL 119	Ti	SCD 11 B 2, 4 N 33
TIL 124	Ti	SFH 601-1, (CNY 17)
TIL 125	Ti	SFH 601-1, (CNY 17)
TIL 126	Ti	CNY 17-3, SFH 601-2
TIL 127	Ti	CNY 17-4
TIL 136	Ti	MOC 1003
TIL 144	Ti	MCT 81
TIL 153	Ti	CNY 17-1

Anschlußbelegungen von TTL-ICs

SN 7400

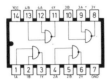

Vier NAND-Gatter mit je 2 Eing.

SN 7401

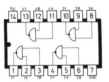

Vier NAND-Gatter mit je 2 Eingängen (o.K.)

SN 7402

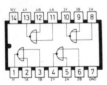

Vier NOR-Gatter mit je 2 Eing.

SN 7403

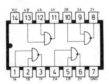

Vier NAND-Gatter mit je 2 Eingängen (o. K.)

SN 7404

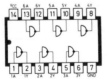

Sechs Inverter

SN 7405

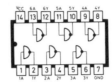

Sechs Inverter (o. K.)

SN 7406

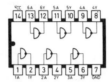

Sechs invertierende Treiber (o. K. 30 V)

SN 7407

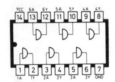

Sechs Treiber (o. K. 30 V)

SN 7408

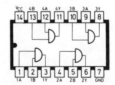

Vier AND-Gatter mit je 2 Eing.

SN 7409

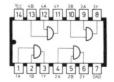

Vier AND-Gatter mit je 2 Eingängen (o. K.)

SN 7410

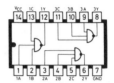

Drei NAND-Gatter mit je 3 Eing.

SN 74 LS 11

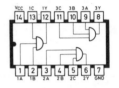

Drei AND-Gatter mit je 3 Eing.

SN 7412

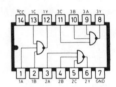

Drei NAND-Gatter mit je 3 Eingängen (o. K.)

SN 7413

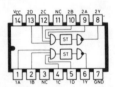

Zwei NAND-Schmitt-Trigger mit je 4 Eingängen

SN 7414

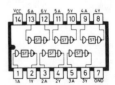

Sechs invertierende Schmitt-Trigger

Anschlußbelegungen von TTL-ICs

SN 74 LS 15

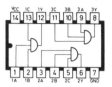

Drei AND-Gatter mit je 3 Eingängen (o. K.)

SN 7416

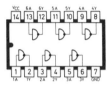

Sechs invertierende Treiber (o. K.)

SN 7417

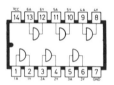

Sechs Treiber (o. K., 15 V)

SN 7420

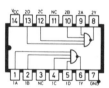

Zwei NAND-Gatter mit je 4 Eing.

SN 74 LS 21

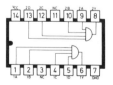

Zwei AND-Gatter mit je 4 Eing.

SN 7422

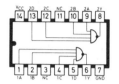

Zwei NAND-Gatter mit je 4 Eing.

SN 7423

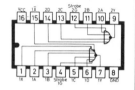

Zwei NOR-Gatter mit je 4 Eing.

SN 7425

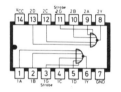

Zwei NOR-Gatter mit je 4 Eing.

SN 7426

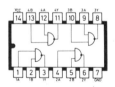

Vier NAND-Gatter mit je 2 Eing.

SN 7427

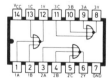

Drei NOR-Gatter mit je 3 Eing.

SN 7428

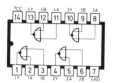

Vier NOR-Leistg.-Gatter mit je 2 Eingängen

SN 7430

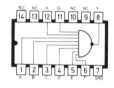

NAND-Gatter mit 8 Eingängen

SN 7432

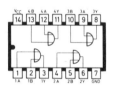

Vier OR-Gatter mit je 2 Eingängen

SN 7433

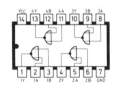

Vier NOR-Leistg.-Gatter mit je 2 Eingängen

SN 7437

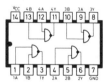

Vier NAND-Leistg.-Gatter mit je 2 Eingängen

Anschlußbelegungen von TTL-ICs

SN 7438

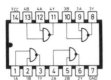

Vier NAND-Leistg.-Gatter mit je
2 Eingängen

SN 7440

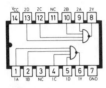

Zwei NAND-Leistg.-Gatter mit je
4 Eingängen

SN 7442

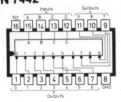

BCD zu Dezimal-Dekoder

SN 7443

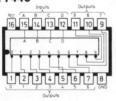

Excess-3 zu Dezimal-Dekoder

SN 7444

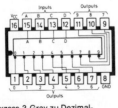

Excess-3-Gray zu Dezimal-
Dekoder

SN 7445

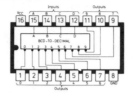

BCD zu Dezimal-Dekoder/
Anzeigentreiber

SN 7446

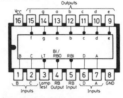

BCD zu 7-Segment-Dekoder/
Anzeigentreiber

SN 7447

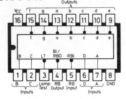

BCD zu 7-Segment-Dekoder/
Anzeigentreiber

SN 7448

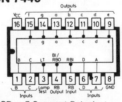

BCD zu 7-Segment-Dekoder/
Anzeigentreiber

SN 74 LS 49

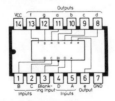

BCD zu 7-Segment-Dekoder/
Anzeigentreiber

SN 7450

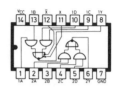

Zwei AND/OR/INVERT-Gatter

SN 7451

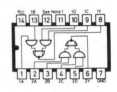

Zwei AND/OR/INVERT-Gatter

SN 7453

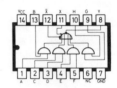

Exp. AND/OR/INVERT-Gatter

SN 7454

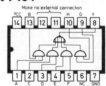

AND/OR/INVERT-Gatter

SN 74 LS 55

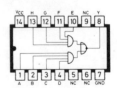

AND/OR/INVERT-Gatter
m. 2 × 4 Eingängen

Anschlußbelegungen von TTL-ICs

SN 7460

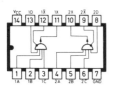

Zwei Exp. mit je 4 Eingängen

SN 74 LS 63

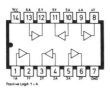

Sechs Stromsensoren

SN 7470

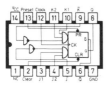

J-K-Flipflop mit je 3 Eingängen

SN 7472

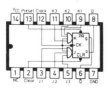

J-K-Master-Slave-Flipflop

SN 7473

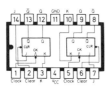

Zwei JK-Flipflops mit Clear

SN 7474

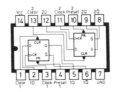

Zwei D-Flipflops mit Preset und Clear

SN 7475

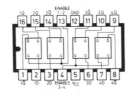

Zwei 2-Bit-D-Latchs mit Enable

SN 7476

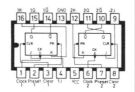

Zwei J-K Flipflops mit Preset und Clear

SN 7480

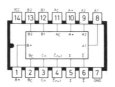

1-Bit Volladdierer

SN 7481

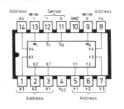

16-Bit-Schreibe-Lese-Speicher

SN 7482

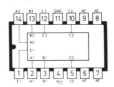

2-Bit-Volladdierer

SN 7483

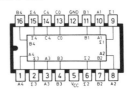

4-Bit-Volladdierer

SN 7484

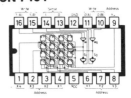

16-Bit-Schreibe-Lese-Speicher

SN 7485

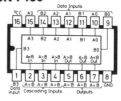

4-Bit Vergleicher

SN 7486

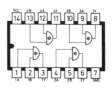

Vier EXCLUSIVE-OR-Gatter

183

Anschlußbelegungen von TTL-ICs

SN 7490

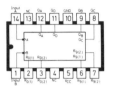

Dezimalzähler

SN 7491

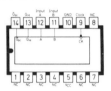

8-Bit-Schieberegister

SN 7492

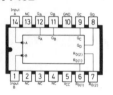

Zähler bis 12

SN 7493

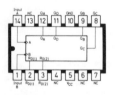

4-Bit-Binärzähler

SN 7494

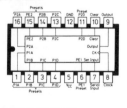

4-Bit-Schieberegister

SN 7495

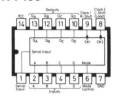

4-Bit-Schieberegister

SN 7496

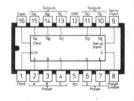

5-Bit-Schieberegister

SN 7497

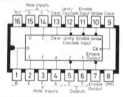

Synchr. programmierbarer
6-Bit-Bin.Teiler

SN 74100

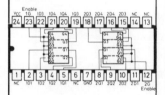

Zwei 4-Bit-Latches mit Enable

SN 74104

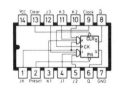

J-K-Master-Slave-Flipflop

SN 74105

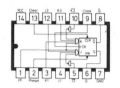

J-K-Master-Slave-Flipflop

SN 74107

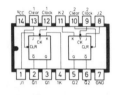

Zwei J-K-Flipflops mit Clear

SN 74109

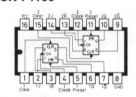

Zwei J-K-Flipflops mit Preset
und Clear

SN 74110

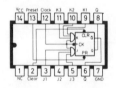

J-K-Master-Slave-Flipflop

SN 74111

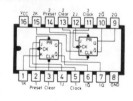

Zwei J-K-Master-Slave-Flipflops

Anschlußbelegungen von TTL-ICs

SN 74115

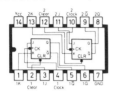

Zwei J-K-Master-Slave-Flipflops

SN 74116

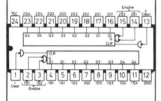

Zwei 4-Bit-D-Latches

SN 74118

Sechs R-S-Latches mit gem. Reset

SN 74119

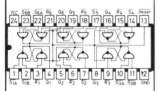

Sechs R-S-Latches mit zus. Reset

SN 74120

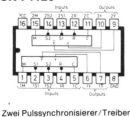

Zwei Pulssynchronisierer/Treiber

SN 74121

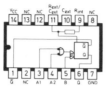

Monoflop mit Schmitt-Trigger-Eingang

SN 74122

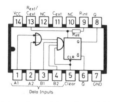

Retriggerbares Monoflop mit Clear

SN 74123

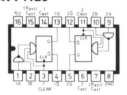

Zwei retriggerbare Monoflops mit Clear

SN 74125

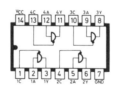

Vier Bus-Leistungstreiber

SN 74126

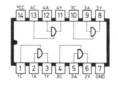

Vier Bus-Leistungstreiber

SN 74128

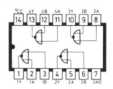

Vier 50 Ω-NOR-Leistungstreiber

SN 74132

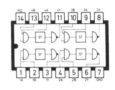

Vier NAND-Schmitt-Trigger

SN 74136

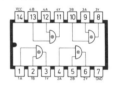

Vier EXCLUSIVE-Gatter

SN 74137

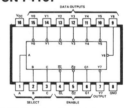

3-Bit-Dekoder/Demultiplexer

SN 74 LS 138

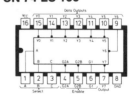

3-Bit-Binärdekoder/Demultiplexer

185

Anschlußbelegungen von TTL-ICs

SN 74141

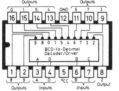

BCD zu Dezimal-Dekoder
Anzeigentreiber

SN 74142

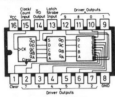

Dezimalz. 4-Bit-Latch BCD zu
Dezimal

SN 74143

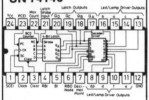

Dezimalz., 4-Bit-Latch

SN 74144

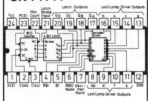

Dezimalz., 4-Bit-Latch

SN 74145

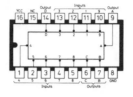

BCD zu Dezimal-Dek. Anzeigentr.

SN 74147

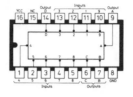

Dezimal zu BCD Prioritätsentk.

SN 74148

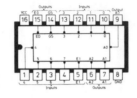

Binärer 8 zu 3 Prioritätsentk.

SN 74150

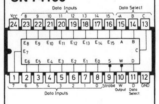

16 zu 10 Datenselektor

SN 74151

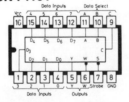

8 zu 1 Datenselektor/Multipl.

SN 74153

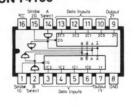

Zwei 4 zu 1 Datenselekt./Multipl.

SN 74154

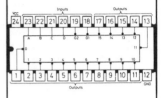

4-Bit Binärdekoder/Demultipl.

SN 74155

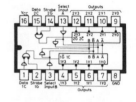

Zwei 2-Bit-Binärdek./Demultipl.

SN 74156

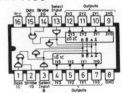

Zwei 2-Bit-Binärdek./Demultipl.

SN 74157

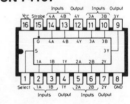

Vier 2 zu 1 Datenselekt./Multipl.

SN 74159

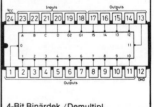

4-Bit Binärdek./Demultipl.

Anschlußbelegungen von TTL-ICs

SN 74160

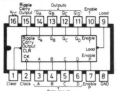

Synchr. programmierbarer
Dezim.Zähler

SN 74161

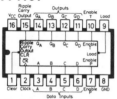

Synchr. programmierbarer 4-Bit
Binär-Zähler

SN 74162

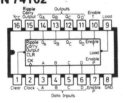

Synchr. programmierb. Dezim.-Z.

SN 74163

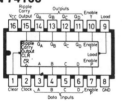

Synchr. progr. 4-Bit-Binärz.

SN 74164

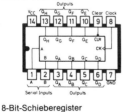

8-Bit-Schieberegister

SN 74165

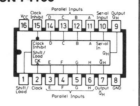

8-Bit-Schieberegister

SN 74166

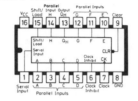

8-Bit-Schieberegister mit Clear

SN 74167

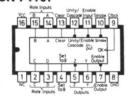

Synchr. programmierb. Frequenz-T.

SN 74170

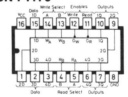

16-Bit-Register File off. Koll.

SN 74172

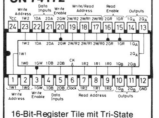

16-Bit-Register Tile mit Tri-State

SN 74173

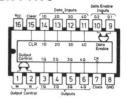

4-Bit-D-Reg. mit Enable, Clear

SN 74174

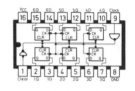

6-Bit-D-Register mit Clear

SN 74176

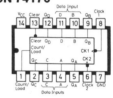

Programmierb. Dezimalzähler

SN 74177

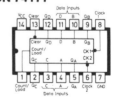

Programmierb. 4-Bit-Bin.-Z.

SN 74178

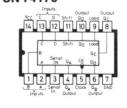

4-Bit-Schieberegister

Anschlußbelegungen von TTL-ICs

SN 74179

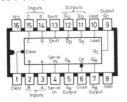

4-Bit-Schieberegister

SN 74180

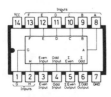

9-Bit-Paritätsgenerator

SN 74181

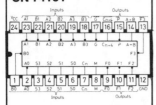

4-Bit arithm. Log. Einheit

SN 74182

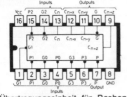

Übertragungseinheit für Rechen-Schaltung

SN 74 LS 183

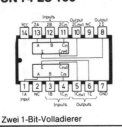

Zwei 1-Bit-Volladierer

SN 74184

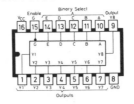

BCD zu Binär-Kodeumsetzer

SN 74185

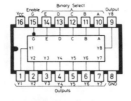

Binär zu BCD-Kodeumsetzer

SN 74190

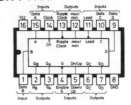

Synchr. programmierb. Zähler

SN 74191

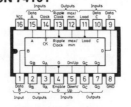

Synchr. programmierb. Zähler

SN 74192

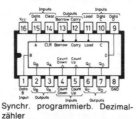

Synchr. programmierb. Dezimal-zähler

SN 74193

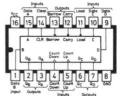

Synchr. programmierb. 4-Bit-Binärzähler

SN 74194

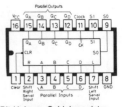

4-Bit-Univers.-Schieberegister

SN 74195

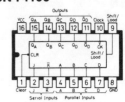

4-Bit-Schieberegister

SN 74196

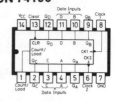

Programmierb. Dezimalzähler

SN 74197

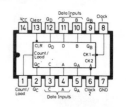

Programmierb. 4-Bit-Binärzähler

188

Anschlußbelegungen von TTL-ICs

SN 74198

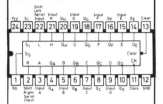

8-Bit-Universalschieberegister

SN 74199

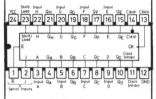

8-Bit-Schieberegister

SN 74221

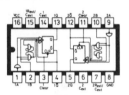

Zwei Monoflops mit Schmitt-Trigger

SN 74 LS 240

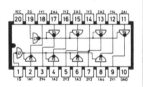

Acht inv. Bus-Leistungstreiber

SN 74 LS 241

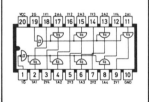

Acht Bus-Leistungstreiber

SN 74 LS 242

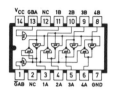

Vier invert. Bus-Transceiver

SN 74 LS 244

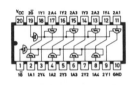

Acht Bus-Leistungstreiber

SN 74 LS 245

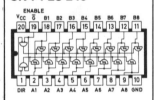

Acht Bus-Transceiver

SN 74246

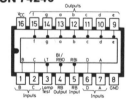

BCD zu 7-Segm.-Dekoder

SN 74247

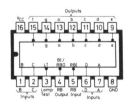

BCD zu 7-Segm.-Dekoder

SN 74248

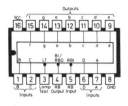

BCD zu 7-Segm.-Dekoder

SN 74249

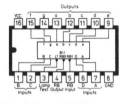

BCD zu 7-Segm.-Dekoder

SN 74251

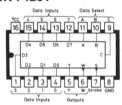

8 zu 1 Datenselektor/Multipl.

SN 74 LS 253

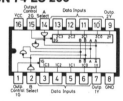

Zwei 4 zu 1 Datenselektor/Multipl.

SN 74259

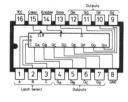

Adressierb. 8-Bit Latch

Anschlußbelegungen von TTL-ICs

SN 74265

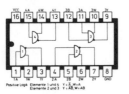

Zwei Inverter u. zwei NAND-Gatter

SN 74 LS 266

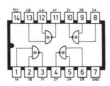

Vier Exl.-NOR-Gatter

SN 74273

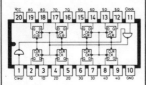

8-Bit-D-Register mit Clear

SN 74 LS 275

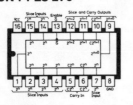

7-Bit-Ballace-Tree-Element

SN 74276

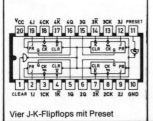

Vier J-K-Flipflops mit Preset

SN 74278

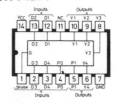

Kaskadierbares 4-Bit-Latch

SN 74279

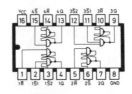

Vier R-S-Latches

SN 74 LS 280

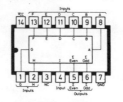

9-Bit-Prioritätsgen.

SN 74283

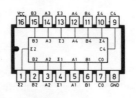

4-Bit-Volladdierer

SN 74284

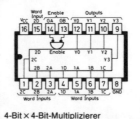

4-Bit × 4-Bit-Multiplizierer

SN 74290

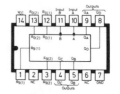

Dezimalzähler

SN 74293

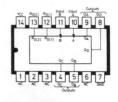

4-Bit-Binärzähler

SN 74 LS 295

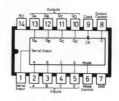

4-Bit-Schieberegister

SN 74298

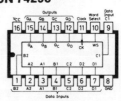

Vier 2 zu 1 Datenselekt.

SN 74 LS 299

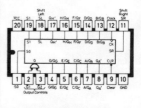

8-Bit-Univ.-Schieberegister

Anschlußbelegungen von TTL-ICs

SN 74 LS 320

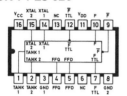

Quarzgesteuerter Oszillator

SN 74 LS 322

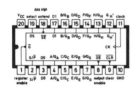

8-Bit-Schieberegister

SN 74 LS 325

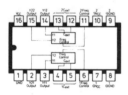

Zwei spannungsgest. Oszill.

SN 74 LS 347

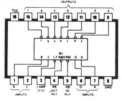

BCD zu 7-Segm.-Dekoder

SN 74351

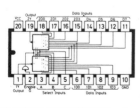

Zwei 8 zu 1 Datenselektoren

SN 74365

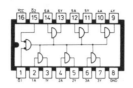

Sechs Bus-Leistungstreiber

SN 74366 (LS)

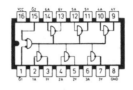

Sechs invert. Bus-Leistungstr.

SN 74367 (LS)

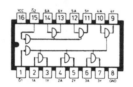

Sechs Bus-Leistungstreiber

SN 74368 (LS)

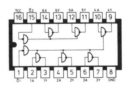

Sechs inv. Bus-Leistungstreiber

SN 74376

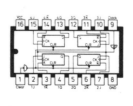

4-Bit-J-K-Register mit Clear

SN 74390

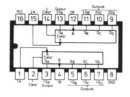

Zwei Dezimalzähler

SN 74393 (LS)

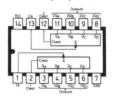

Zwei 4-Bit-Binärzähler

SN 74425

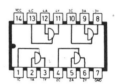

Vier Bus-Leistungstreiber

SN 74426

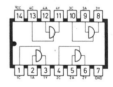

Vier Bus-Leistungstreiber

SN 74490

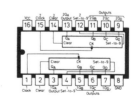

Zwei Dezimalzähler

Anschlußbelegungen von C-MOS ICs CD/HEF/MC 1...

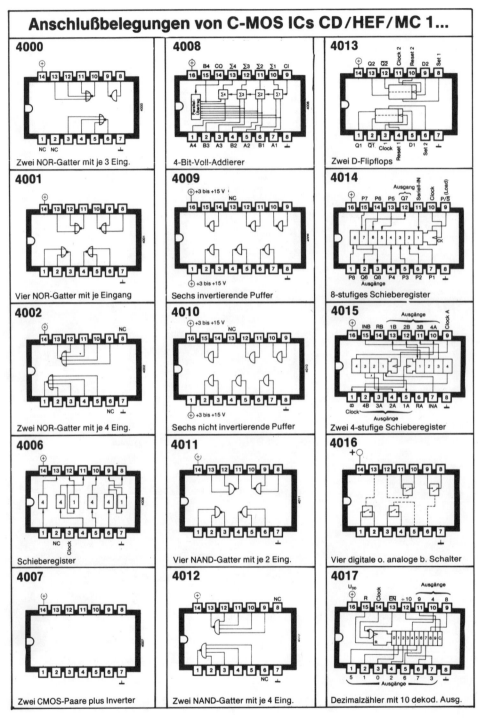

4000

Zwei NOR-Gatter mit je 3 Eing.

4001

Vier NOR-Gatter mit je Eingang

4002

Zwei NOR-Gatter mit je 4 Eing.

4006

Schieberegister

4007

Zwei CMOS-Paare plus Inverter

4008

4-Bit-Voll-Addierer

4009

Sechs invertierende Puffer

4010

Sechs nicht invertierende Puffer

4011

Vier NAND-Gatter mit je 2 Eing.

4012

Zwei NAND-Gatter mit je 4 Eing.

4013

Zwei D-Flipflops

4014

8-stufiges Schieberegister

4015

Zwei 4-stufige Schieberegister

4016

Vier digitale o. analoge b. Schalter

4017

Dezimalzähler mit 10 dekod. Ausg.

Anschlußbelegungen von C-MOS ICs CD/HEF/MC 1...

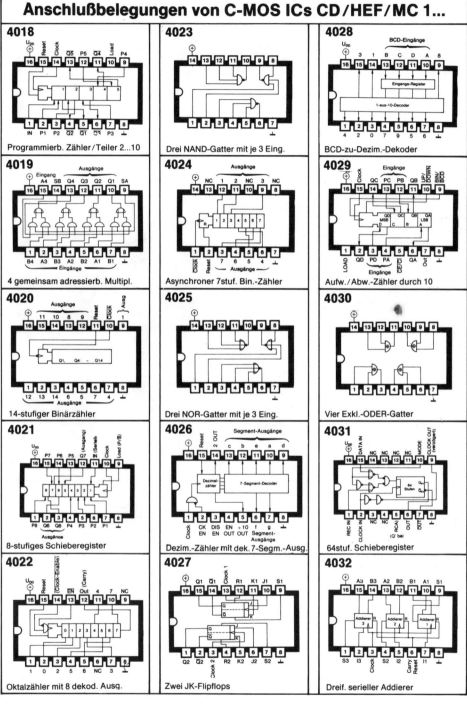

4018
Programmierb. Zähler/Teiler 2...10

4023
Drei NAND-Gatter mit je 3 Eing.

4028
BCD-zu-Dezim.-Dekoder

4019
4 gemeinsam adressierb. Multipl.

4024
Asynchroner 7stuf. Bin.-Zähler

4029
Aufw./Abw.-Zähler durch 10

4020
14-stufiger Binärzähler

4025
Drei NOR-Gatter mit je 3 Eing.

4030
Vier Exkl.-ODER-Gatter

4021
8-stufiges Schieberegister

4026
Dezim.-Zähler mit dek. 7-Segm.-Ausg.

4031
64stuf. Schieberegister

4022
Oktalzähler mit 8 dekod. Ausg.

4027
Zwei JK-Flipflops

4032
Dreif. serieller Addierer

Anschlußbelegungen von C-MOS ICs CD/HEF/MC 1...

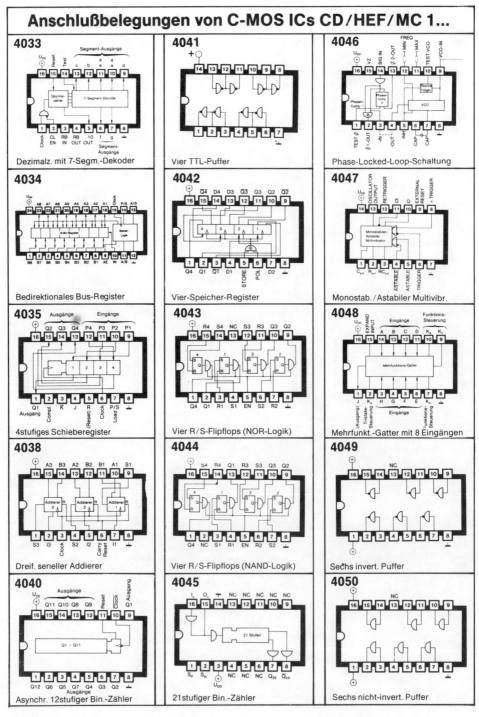

4033 — Dezimalz. mit 7-Segm.-Dekoder

4041 — Vier TTL-Puffer

4046 — Phase-Locked-Loop-Schaltung

4034 — Bedirektionales Bus-Register

4042 — Vier-Speicher-Register

4047 — Monostab./Astabiler Multivibr.

4035 — 4stufiges Schieberegister

4043 — Vier R/S-Flipflops (NOR-Logik)

4048 — Mehrfunkt.-Gatter mit 8 Eingängen

4038 — Dreif. serieller Addierer

4044 — Vier R/S-Flipflops (NAND-Logik)

4049 — Sechs invert. Puffer

4040 — Asynchr. 12stufiger Bin.-Zähler

4045 — 21stufiger Bin.-Zähler

4050 — Sechs nicht-invert. Puffer

Anschlußbelegungen von C-MOS ICs CD/HEF/MC 1...

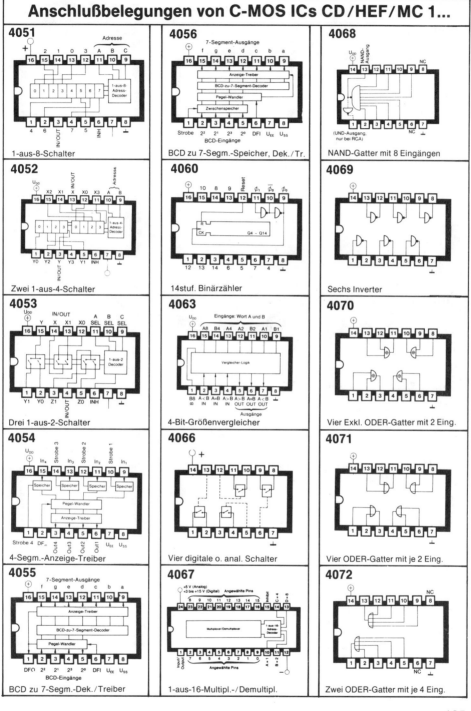

4051 — 1-aus-8-Schalter

4052 — Zwei 1-aus-4-Schalter

4053 — Drei 1-aus-2-Schalter

4054 — 4-Segm.-Anzeige-Treiber

4055 — BCD zu 7-Segm.-Dek./Treiber

4056 — BCD zu 7-Segm.-Speicher, Dek./Tr.

4060 — 14stuf. Binärzähler

4063 — 4-Bit-Größenvergleicher

4066 — Vier digitale o. anal. Schalter

4067 — 1-aus-16-Multipl.-/Demultipl.

4068 — NAND-Gatter mit 8 Eingängen

4069 — Sechs Inverter

4070 — Vier Exkl. ODER-Gatter mit 2 Eing.

4071 — Vier ODER-Gatter mit je 2 Eing.

4072 — Zwei ODER-Gatter mit je 4 Eing.

195

Anschlußbelegungen von C-MOS ICs CD/HEF/MC 1...

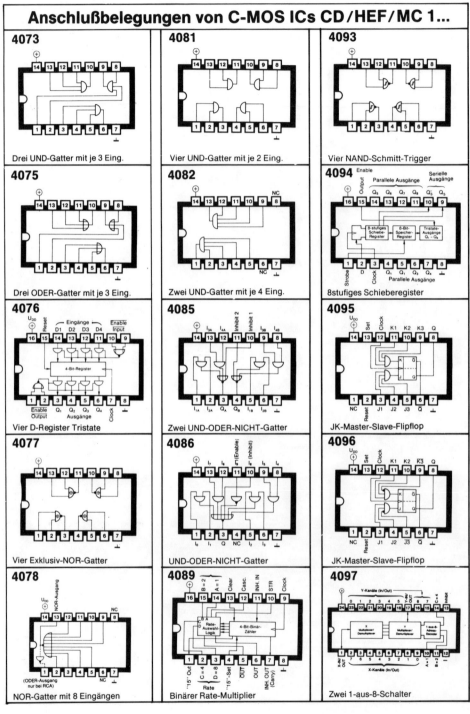

4073

Drei UND-Gatter mit je 3 Eing.

4081

Vier UND-Gatter mit je 2 Eing.

4093

Vier NAND-Schmitt-Trigger

4075

Drei ODER-Gatter mit je 3 Eing.

4082

Zwei UND-Gatter mit je 4 Eing.

4094

8stufiges Schieberegister

4076

Vier D-Register Tristate

4085

Zwei UND-ODER-NICHT-Gatter

4095

JK-Master-Slave-Flipflop

4077

Vier Exklusiv-NOR-Gatter

4086

UND-ODER-NICHT-Gatter

4096

JK-Master-Slave-Flipflop

4078

NOR-Gatter mit 8 Eingängen

4089

Binärer Rate-Multiplier

4097

Zwei 1-aus-8-Schalter

Anschlußbelegungen von C-MOS ICs CD/HEF/MC 1...

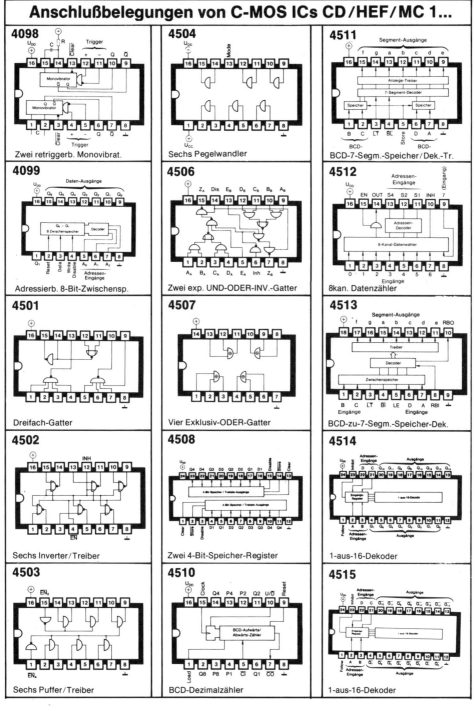

4098 Zwei retriggerb. Monovibrat.

4504 Sechs Pegelwandler

4511 BCD-7-Segm.-Speicher/Dek.-Tr.

4099 Adressierb. 8-Bit-Zwischensp.

4506 Zwei exp. UND-ODER-INV.-Gatter

4512 8kan. Datenzähler

4501 Dreifach-Gatter

4507 Vier Exklusiv-ODER-Gatter

4513 BCD-zu-7-Segm.-Speicher-Dek.

4502 Sechs Inverter/Treiber

4508 Zwei 4-Bit-Speicher-Register

4514 1-aus-16-Dekoder

4503 Sechs Puffer/Treiber

4510 BCD-Dezimalzähler

4515 1-aus-16-Dekoder

Anschlußbelegungen von C-MOS ICs CD/HEF/MC 1...

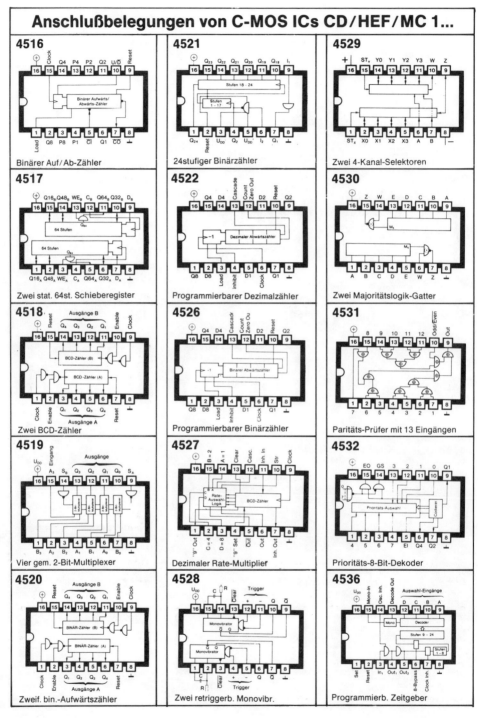

4516

Binärer Auf/Ab-Zähler

4521

24stufiger Binärzähler

4529

Zwei 4-Kanal-Selektoren

4517

Zwei stat. 64st. Schieberegister

4522

Programmierbarer Dezimalzähler

4530

Zwei Majoritätslogik-Gatter

4518

Zwei BCD-Zähler

4526

Programmierbarer Binärzähler

4531

Paritäts-Prüfer mit 13 Eingängen

4519

Vier gem. 2-Bit-Multiplexer

4527

Dezimaler Rate-Multiplier

4532

Prioritäts-8-Bit-Dekoder

4520

Zweif. bin.-Aufwärtszähler

4528

Zwei retriggerb. Monovibr.

4536

Programmierb. Zeitgeber

Anschlußbelegungen von C-MOS ICs CD/HEF/MC 1...

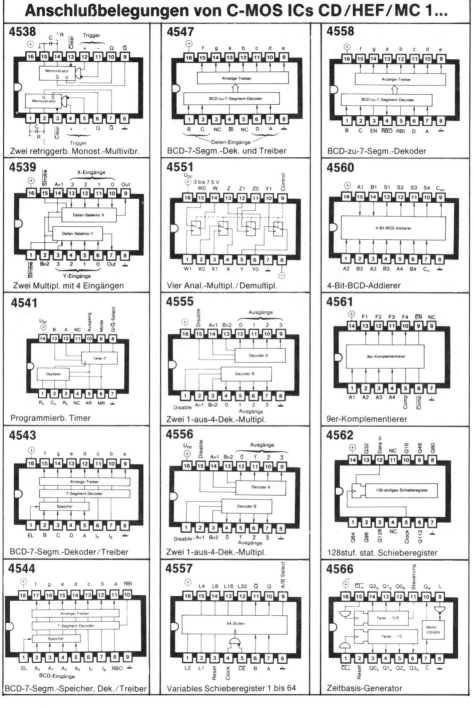

4538 — Zwei retriggerb. Monost.-Multivibr.

4547 — BCD-7-Segm.-Dek. und Treiber

4558 — BCD-zu-7-Segm.-Dekoder

4539 — Zwei Multipl. mit 4 Eingängen

4551 — Vier Anal.-Multipl./Demultipl.

4560 — 4-Bit-BCD-Addierer

4541 — Programmierb. Timer

4555 — Zwei 1-aus-4-Dek.-Multipl.

4561 — 9er-Komplementierer

4543 — BCD-7-Segm.-Dekoder/Treiber

4556 — Zwei 1-aus-4-Dek.-Multipl.

4562 — 128stuf. stat. Schieberegister

4544 — BCD-7-Segm.-Speicher, Dek./Treiber

4557 — Variables Schieberegister 1 bis 64

4566 — Zeitbasis-Generator

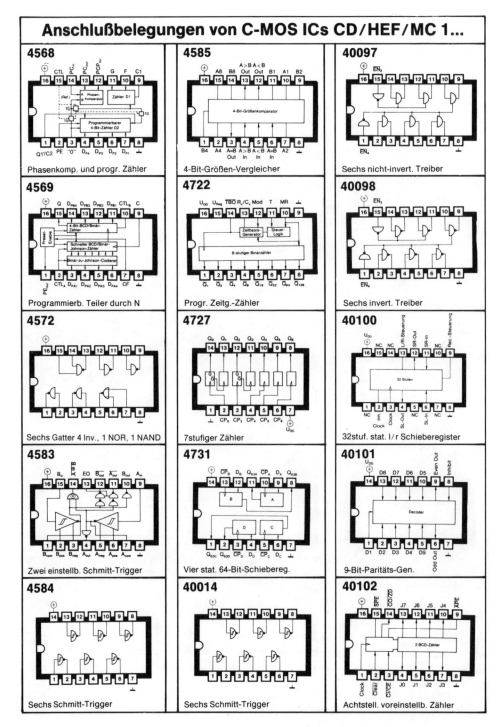

4568 — Phasenkomp. und progr. Zähler

4585 — 4-Bit-Größen-Vergleicher

40097 — Sechs nicht-invert. Treiber

4569 — Programmierb. Teiler durch N

4722 — Progr. Zeitg.-Zähler

40098 — Sechs invert. Treiber

4572 — Sechs Gatter 4 Inv., 1 NOR, 1 NAND

4727 — 7stufiger Zähler

40100 — 32stuf. stat. l/r Schieberegister

4583 — Zwei einstellb. Schmitt-Trigger

4731 — Vier stat. 64-Bit-Schiebereg.

40101 — 9-Bit-Paritäts-Gen.

4584 — Sechs Schmitt-Trigger

40014 — Sechs Schmitt-Trigger

40102 — Achtstell. voreinstellb. Zähler

Anschlußbelegungen von C-MOS ICs CD/HEF/MC 1...

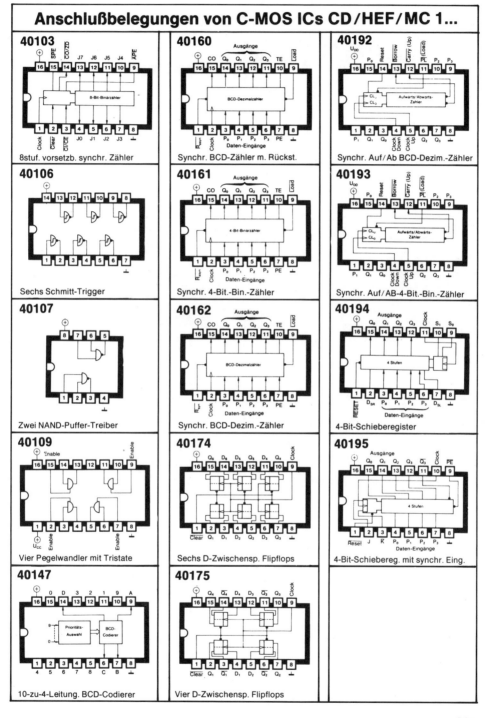

40103
8stuf. vorsetzb. synchr. Zähler

40106
Sechs Schmitt-Trigger

40107
Zwei NAND-Puffer-Treiber

40109
Vier Pegelwandler mit Tristate

40147
10-zu-4-Leitung. BCD-Codierer

40160
Synchr. BCD-Zähler m. Rückst.

40161
Synchr. 4-Bit.-Bin.-Zähler

40162
Synchr. BCD-Dezim.-Zähler

40174
Sechs D-Zwischensp. Flipflops

40175
Vier D-Zwischensp. Flipflops

40192
Synchr. Auf/Ab BCD-Dezim.-Zähler

40193
Synchr. Auf/AB-4-Bit.-Bin.-Zähler

40194
4-Bit-Schieberegister

40195
4-Bit-Schiebereg. mit synchr. Eing.

Anschlußbelegungen von Transistoren

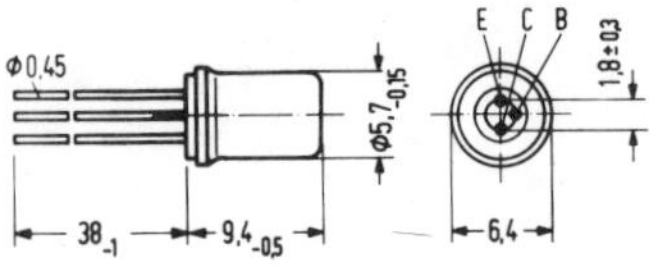

AC 121; AC 151; AC 152
ASY 48; ASY 70

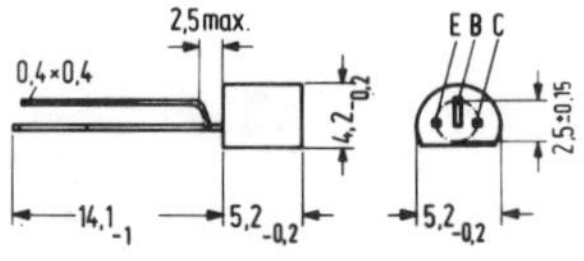

BC 182; BC 183; BC 212;
BC 237...BC 239

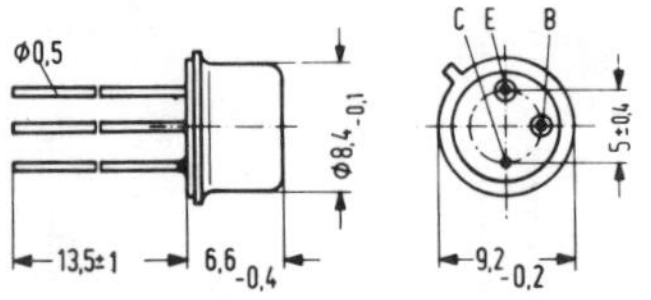

BC 140; BC 160
BC 141; BC 161

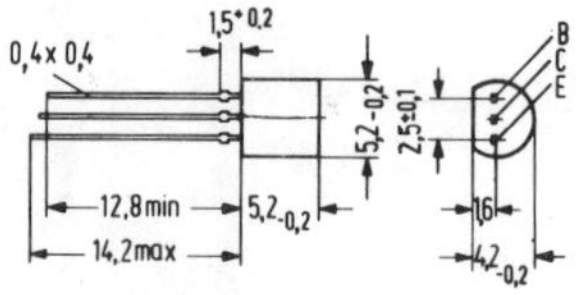

BC 257...BC 259

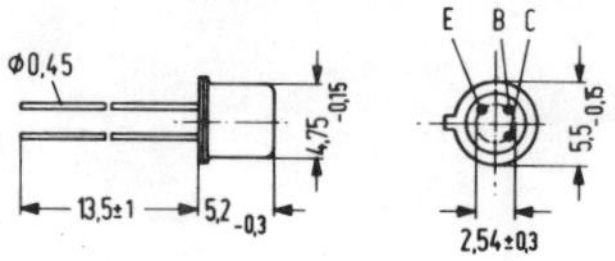

BC 107...BC 109 A, B, C

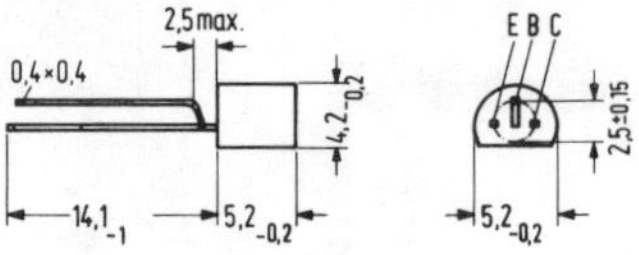

BC 307...BC 309;
BC 327; BC 328;
BC 337; BC 338

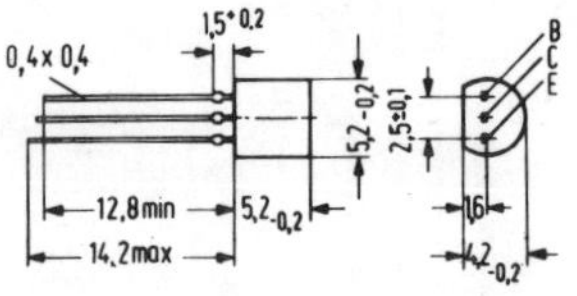

BC 167...BC 169

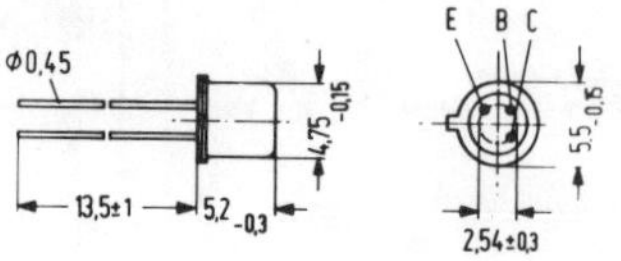

BC 368; BC 369

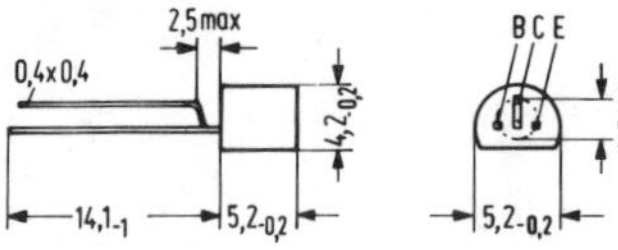

BC 177...BC 179

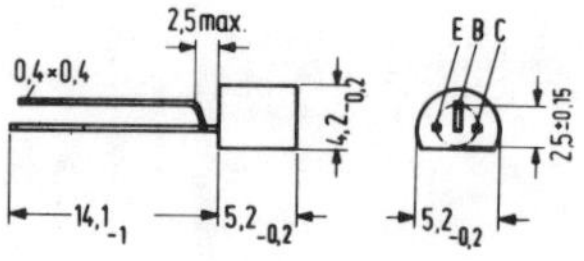

BC 413...BC 416; BC 516; BC 517;
BC 546...BC 560

Anschlußbelegungen von Transistoren

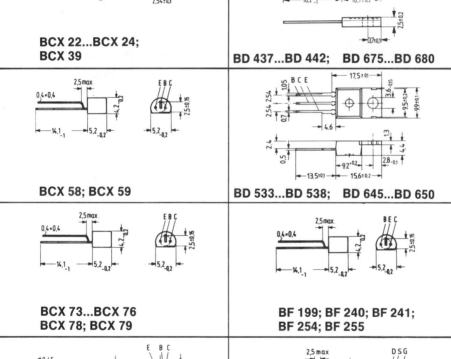

BC 635...BC 640
BC 875...BC 880

BD 135...BD 140; BD 287;
BD 288; BD 433...BD 436

BCX 22...BCX 24;
BCX 39

BD 437...BD 442;   BD 675...BD 680

BCX 58; BCX 59

BD 533...BD 538;   BD 645...BD 650

BCX 73...BCX 76
BCX 78; BCX 79

BF 199; BF 240; BF 241;
BF 254; BF 255

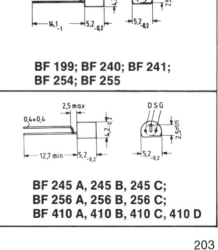

BCY 58; BCY 59; BCY 65; BCY 67;
BCY 77; BCY 78; BCY 79

BF 245 A, 245 B, 245 C;
BF 256 A, 256 B, 256 C;
BF 410 A, 410 B, 410 C, 410 D

Anschlußbelegungen von Transistoren

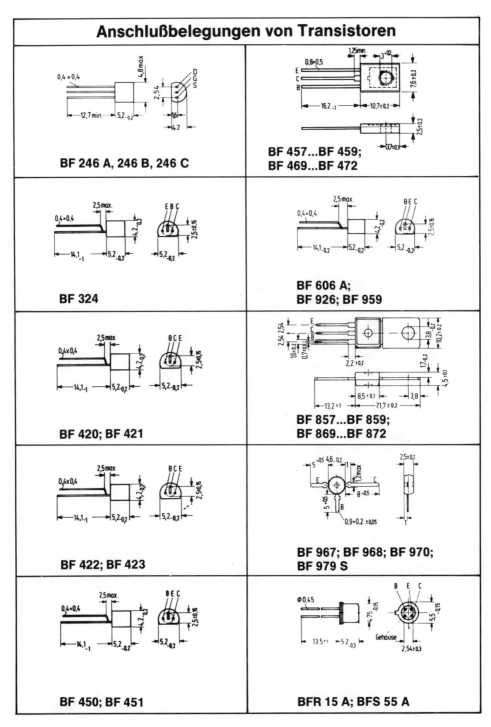

BF 246 A, 246 B, 246 C

**BF 457...BF 459;
BF 469...BF 472**

BF 324

**BF 606 A;
BF 926; BF 959**

BF 420; BF 421

**BF 857...BF 859;
BF 869...BF 872**

BF 422; BF 423

**BF 967; BF 968; BF 970;
BF 979 S**

BF 450; BF 451

BFR 15 A; BFS 55 A

Anschlußbelegungen von Transistoren

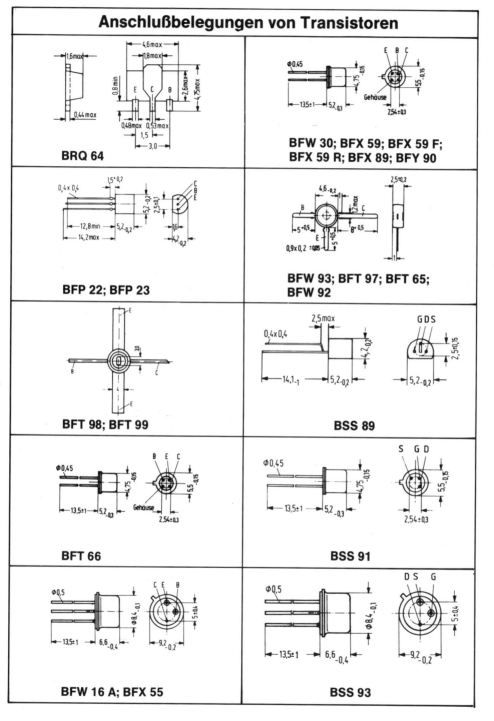

BRQ 64

**BFW 30; BFX 59; BFX 59 F;
BFX 59 R; BFX 89; BFY 90**

BFP 22; BFP 23

**BFW 93; BFT 97; BFT 65;
BFW 92**

BFT 98; BFT 99

BSS 89

BFT 66

BSS 91

BFW 16 A; BFX 55

BSS 93

Anschlußbelegungen von Transistoren

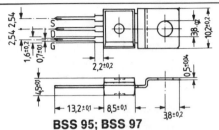

BSS 95; BSS 97

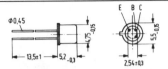

2 N 2220; 2 N 2221; 2 N 2221 A;
2 N 2222; 2 N 2222 A;
2 N 2906; 2 N 2906 A;
2 N 2907; 2 N 2907 A

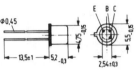

BSX 48; BSX 49; BSY 18;
BSY 62; BSY 63

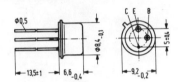

2 N 2218; 2 N 2218 A; 2 N 2219;
2 N 2219 A; 2 N 2904; 2 N 2904 A;
2 N 2905; 2 2905; 2 N 2905 A;
2 N 3019; 2 N 4033

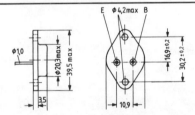

BSV 15...BSV 17;
BSX 45...BSX 47;
BSX 62; BSX 63; BSY 34; BSY 58

2 N 2646

BU 205; BU 208 A; BU 326 A; BU 626 A

E 300   J 300

E 300 und J 300 sind gegeneinander
austauschbar (technisch gleich)

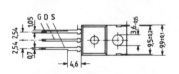

BUZ 10; BUZ 20; BUZ 30; BUZ 32;
BUZ 41; BUZ 42; BUZ 80

2 N 3055

Anschlußbelegungen von Thyristoren u. Triacs

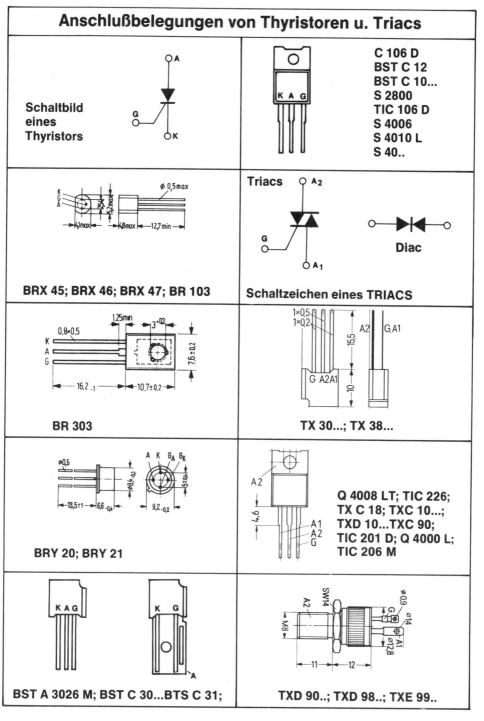

Schaltbild eines Thyristors

C 106 D
BST C 12
BST C 10...
S 2800
TIC 106 D
S 4006
S 4010 L
S 40..

BRX 45; BRX 46; BRX 47; BR 103

Triacs

Diac

Schaltzeichen eines TRIACS

BR 303

TX 30...; TX 38...

BRY 20; BRY 21

Q 4008 LT; TIC 226;
TX C 18; TXC 10...;
TXD 10...TXC 90;
TIC 201 D; Q 4000 L;
TIC 206 M

BST A 3026 M; BST C 30...BTS C 31;

TXD 90..; TXD 98..; TXE 99..

Quellennachweis

Als Quellen in diesem Buch dienten Datenbücher folgender Firmen:

AEG-Telefunken
Siemens
Valvo
Philips
Fairchild
Monsanto
Texas Instruments